"十四五"普通高等教育本科部委级规划教材

基于R语言的食品科学数据统计与可视化分析

Jiyu R Yuyan De Shipin Kexue Shuju Tongji Yu Keshihua Fenxi

李文峰 路亚龙 吴秋◎主编

U0216322

中国纺织出版社有限公司

图书在版编目（CIP）数据

基于 R 语言的食品科学数据统计与可视化分析／李文峰，路亚龙，吴秋主编 . -- 北京：中国纺织出版社有限公司，2023. 11

"十四五"普通高等教育本科部委级规划教材

ISBN 978-7-5229-1155-7

Ⅰ . ①基… Ⅱ . ①李… ②路… ③吴… Ⅲ . ①程序语言－应用－食品科学－统计数据－统计分析 Ⅳ . ①TS201

中国国家版本馆 CIP 数据核字（2023）第 202077 号

责任编辑：闫 婷 金 鑫 责任校对：高 涵 责任印制：王艳丽

中国纺织出版社有限公司出版发行

地址：北京市朝阳区百子湾东里 A407 号楼 邮政编码：100124

销售电话：010—67004422 传真：010—87155801

http://www. c-textilep. com

中国纺织出版社天猫旗舰店

官方微博 http://weibo. com/2119887771

三河市宏盛印务有限公司印刷 各地新华书店经销

2023 年 11 月第 1 版第 1 次印刷

开本：787×1092 1/16 印张：15

字数：352 千字 定价：58.00 元

凡购本书，如有缺页、倒页、脱页，由本社图书营销中心调换

《基于 R 语言的食品科学数据统计与可视化分析》
编委会成员

序　言

　　R 语言是一个自由、免费、源代码开放的编程语言和环境，它提供了强大的数据分析功能和丰富的数据可视化手段。随着数据科学和食品科学的快速发展，R 语言已经成为食品科学数据分析领域炙手可热的通用语言。本书将带领读者逐步走进 R 语言的世界，帮助读者对R 语言的一些基础知识形成初步的认识，以及知道如何获取和安装 R 语言，并学会 R 语言数据管理、数据分析和数据可视化等使用方法。本书旨在为食品科学与工程专业的教学和科研、产品研发，以及生产与品控提供数据处理、分析技术支持。同时，可供相关企事业单位的数据分析师和决策人员参考。

　　本书共分为九章：第 1 章、第 2 章和第 3 章由路亚龙编写，主要介绍了 R 语言及其运行环境的搭建、数据集及相关运算，以及基于 ggplot2 的基本图形绘制等内容；第 4 章、第 5章、第 8 章和第 9 章由李文峰编写，主要介绍了参数的假设检验与非参数的假设检验、回归分析、基于 muma 的单代谢组学分析，以及基于 mixOmics 的多组学分析等内容；第 6 章和第 7 章由吴秋编写，主要介绍了基于 corrplot 的相关性分析和基于 rsm 的响应面分析等内容。本书内容较全面、系统，其编排由浅入深、层层递进，便于广大读者学习。

　　本书的编写得到了长江师范学院食品科学与工程专业高晓旭老师和谭飍老师，以及大数据学院曾俊老师的大力支持与帮助。此外，也得到了重庆三峡学院的凡信和香港大学的张琬婕等研究生同学的帮助。同时，本书的出版得到了长江师范学院食品科学与工程国家一流建设项目和智慧果实产业学院经费的资助。由于笔者知识面和专业水平有限，书中不妥之处在所难免，敬请专家、读者批评指正，笔者不胜感激。

高晓旭

2023 年 5 月

于长江师范学院

目　　录

第 1 章　R 简介 ……………………………………………………………… 1

1.1　R 语言简介 ………………………………………………………………… 1

1.2　R 语言运行环境的搭建 …………………………………………………… 2

　　1.2.1　R 的获取和安装 …………………………………………………… 2

　　1.2.2　RStudio 的获取和安装 …………………………………………… 2

1.3　R 语言的包 ………………………………………………………………… 3

　　1.3.1　包的安装 …………………………………………………………… 3

　　1.3.2　包的加载 …………………………………………………………… 4

　　1.3.3　R 语言编程基础 …………………………………………………… 4

1.4　练习题 ……………………………………………………………………… 4

1.5　参考文献 …………………………………………………………………… 4

第 2 章　数据集及相关运算 ………………………………………………… 5

2.1　R 语言的数据概念 ………………………………………………………… 5

　　2.1.1　数值型（numeric）………………………………………………… 5

　　2.1.2　字符型（character）……………………………………………… 5

　　2.1.3　逻辑型（logical）………………………………………………… 6

2.2　向量 ………………………………………………………………………… 6

2.3　矩阵 ………………………………………………………………………… 7

2.4　数据框 ……………………………………………………………………… 7

2.5　因子 ………………………………………………………………………… 8

2.6　列表 ………………………………………………………………………… 9

2.7　数组 ………………………………………………………………………… 9

2.8　数据的导入与导出 ………………………………………………………… 10

　　2.8.1　Excel 格式数据的导入与导出 …………………………………… 10

　　2.8.2　其他格式导入 ……………………………………………………… 10

2.9　练习题 ……………………………………………………………………… 11

2.10　参考文献 ………………………………………………………………… 11

第 3 章　基于 ggplot2 的基本图形绘制 …………………………………… 13

3.1　ggplot2 简介 ……………………………………………………………… 13

3.1.1 R 语言绘图基础 ……………………………………………… 13

3.1.2 基于 ggplot2 的基本图形绘制原则 …………………………… 14

3.2 条形图 ………………………………………………………………… 23

3.2.1 基础条形图 ……………………………………………………… 23

3.2.2 簇状条形图 ……………………………………………………… 25

3.3 散点图 ………………………………………………………………… 28

3.3.1 回归曲线 ………………………………………………………… 28

3.3.2 平滑曲线 ………………………………………………………… 28

3.4 直方图 ………………………………………………………………… 31

3.5 箱形图 ………………………………………………………………… 33

3.6 饼图 …………………………………………………………………… 37

3.7 核密度图 ……………………………………………………………… 38

3.8 练习题 ………………………………………………………………… 39

3.9 参考文献 ……………………………………………………………… 40

第 4 章 参数的假设检验与非参数的假设检验 ……………………………… 41

4.1 假设检验问题简介 …………………………………………………… 41

4.2 t-test ………………………………………………………………… 41

4.2.1 两尾检验与一尾检验 …………………………………………… 41

4.2.2 t-test 实例 ……………………………………………………… 41

4.3 方差分析 ……………………………………………………………… 47

4.3.1 LSD. test ………………………………………………………… 47

4.3.2 HSD. test ………………………………………………………… 52

4.3.3 duncan. test ……………………………………………………… 55

4.3.4 SNK. test ………………………………………………………… 57

4.4 非参数假设检验简介 ………………………………………………… 60

4.4.1 中位数的符号检验 ……………………………………………… 60

4.4.2 Wilcoxon 符号秩检验 …………………………………………… 62

4.4.3 分布的一致性检验：X^2（chisq. test）检验 …………………… 65

4.4.4 两总体的比较与检验 …………………………………………… 68

4.4.5 Mood 检验 ……………………………………………………… 71

4.4.6 多总体的比较与检验 …………………………………………… 73

4.5 练习题 ………………………………………………………………… 79

4.6 参考文献 ……………………………………………………………… 80

第 5 章 回归分析 …………………………………………………………… 82

5.1 回归分析简介 ………………………………………………………… 82

5.2 一元回归 ……………………………………………………………… 82

5.3 多元线性回归 ………………………………………………………… 88

5.4　练习题 ·· 91

5.5　参考文献 ··· 93

第 6 章　基于 corrplot 的相关性分析 ···································· 94

6.1　corrplot 简介 ··· 94

6.1.1　相关性 ·· 94

6.1.2　相关系数 ··· 94

6.1.3　相关系数的类型 ·· 94

6.1.4　相关性的显著性检验 ··· 95

6.2　数据说明及绘图 ·· 95

6.2.1　1 个矩阵内的相关性分析 ··· 97

6.2.2　两个矩阵之间的相关性分析 ·· 110

6.3　练习题 ·· 112

6.4　参考文献 ··· 112

第 7 章　基于 rsm 的响应面分析 ·· 113

7.1　rsm 简介 ··· 113

7.1.1　中心复合设计 ··· 113

7.1.2　Box-Behnken 设计 ··· 116

7.2　CCD 法实验方案设计及数据分析 ·· 117

7.2.1　更改目录并安装、加载 rsm 包 ··· 117

7.2.2　试验方案的设计 ·· 118

7.2.3　实施试验并录入结果 y ··· 119

7.2.4　多项式回归分析 ·· 119

7.2.5　最优解 ·· 122

7.2.6　曲面图观察 ·· 122

7.3　BBD 法实验方案设计及数据分析 ·· 124

7.3.1　更改目录并安装、加载 rsm 包 ··· 124

7.3.2　试验方案的设计 ·· 124

7.3.3　实施试验并录入结果 y ··· 125

7.3.4　多项式回归分析 ·· 126

7.3.5　最优解 ·· 128

7.3.6　曲面图观察 ·· 128

7.4　练习题 ·· 129

7.5　参考文献 ··· 130

第 8 章　基于 muma 的单代谢组学分析 ·································· 131

8.1　代谢组学分析技术简介 ·· 131

8.2　muma 分析流程 ·· 131

8.2.1 数据输入 ……………………………………………………… 131

8.2.2 数据预处理和探查 …………………………………………… 132

8.2.3 判别分析 ……………………………………………………… 134

8.2.4 自动化综合单变量分析 ……………………………………… 134

8.2.5 结构/生化解释 ……………………………………………… 134

8.2.6 报告 …………………………………………………………… 135

8.3 muma 实例 ……………………………………………………… 135

8.3.1 数据预处理 …………………………………………………… 135

8.3.2 单变量分析 …………………………………………………… 141

8.3.3 合并单变量和多变量信息 …………………………………… 143

8.3.4 PLS-DA 介绍 ………………………………………………… 145

8.3.5 OPLS-DA 介绍 ……………………………………………… 148

8.4 练习题 …………………………………………………………… 150

8.5 参考文献 ………………………………………………………… 151

第 9 章 基于 mixOmics 的多组学分析 ………………………………… 152

9.1 mixOmics 简介 ………………………………………………… 152

9.2 N-integration 方法 …………………………………………… 152

9.2.1 两组学的稀疏的偏最小二乘法（sPLS）分析 …………… 152

9.2.2 多组学的稀疏的偏最小二乘法（sPLS）分析 …………… 182

9.3 P-integration 方法 …………………………………………… 213

9.3.1 数据 …………………………………………………………… 214

9.3.2 初步分析 ……………………………………………………… 215

9.3.3 基本的 sPLS-DA 模型 ……………………………………… 217

9.3.4 优化主成分的数量 …………………………………………… 217

9.3.5 优化特征的数量 ……………………………………………… 217

9.3.6 最终的模型 …………………………………………………… 220

9.3.7 出图 …………………………………………………………… 222

9.3.8 模型性能 ……………………………………………………… 224

9.4 练习题 …………………………………………………………… 226

9.5 参考文献 ………………………………………………………… 227

彩图

第 1 章　R 简介

1.1　R 语言简介

R 是一门用于统计计算和作图的语言，受 S 语言和 Scheme 语言影响发展而来。早期 R 是基于 S 语言的一个 GNU 项目，所以也可以当作 S 语言的一种实现，通常用 S 语言编写的代码都可以不作任何修改地在 R 环境下运行。R 的语法来自 Scheme。R 语言最初由新西兰奥克兰大学统计系的罗伯特·杰特曼（Robert Gentleman）和罗斯·伊哈卡（Ross Ihaka）合作编写。

自 1997 年，R 语言开始由一个核心团队开发，团队成员来自世界各地的大学和研究机构。迄今为止，R 源代码已经历了近 70 次主要更新，功能也在不断完善、增强中，主要统计功能包括线性模型/广义线性模型、非线性回归模型、时间序列分析、经典的参数/非参数检验、聚类和光滑方法等。R 语言具有免费、开源及统计模块齐全的特征，已被国外大量学术和科研机构采用，其应用范围涵盖了数据挖掘、机器学习、计量经济学、实证金融学、统计遗传学、自然语言处理、心理计量学和空间统计学诸多领域。相比之下，R 语言在食品领域的应用显得比较落后。因此，本书对 R 语言的历史背景、发展历程及现状分别作出介绍，以期引起相关学者和研究人员的注意，并推动 R 语言在食品研究领域的广泛应用。

R 语言之所以大受欢迎，是基于其强大的优势：

（1）完全免费开源。R 语言在官网上直接下载即可使用，完全免费。R 语言的开源性意味着任何人都可以下载修改源代码，不断优化 R 语言。

（2）作图功能强大。R 语言使用预制的方式美化 R 做出来的图形，各种复杂图形均可以通过几行命令做出。

（3）算法覆盖面广。作为统计分析工具，R 语言几乎覆盖整个统计领域的前沿算法。从神经网络到经典的线性回归，数千个 R 包、上万种算法，开发者都能从中找到可直接调用的函数实现。

（4）软件扩展容易。R 语言有极方便的扩展性，这使各种代码和数据得以在短时间内传播和完善，大量的专业人员以扩展包的形式编写用于特定目的的程序，例如，用于统计建模、图形绘制等。R 语言还可以轻松与各种语言完成互调，如 Python、C 语言，都可与其无缝对接。

（5）强大的社区支持。作为一个开源软件，R 拥有很多活跃的互动社区和大量的开放源码支持，通过在线互助，R 语言的知识得到迅速传播。例如，国外比较活跃的社区 GitHub 和 Stack Overflow 等，国内最活跃的 R 社区主要是 COS 论坛，它们提供的内容对 R 语言学习者具有很高的参考价值。

（6）非过程模式。Python 虽然也支持命令模式，但是相对来说，更偏向于流程控制语句。R 语言基本不需要用到流程控制。

R 语言的优势不局限于以上几点，用户在使用过程中，会越来越多地理解 R 语言的强大功能，并对它爱不释手。

1.2　R 语言运行环境的搭建

R 语言已经广泛地应用于食品科学研究分析中，包括转录组测序（RNA-seq）、单细胞、生物统计、绘图等都要用到 R 语言。R 语言是生物信息分析平台重要的组成部分。本章节中我们将在服务器中配置完整的 R 语言分析环境。

1.2.1　R 的获取和安装

R 可以在 CRAN（Comprehensive R Archive Network）上免费下载，Linux、Mac OS X 和 Windows 都有对应的二进制文件；根据所选择平台的安装说明进行安装即可。本书所用版本为 Windows 版本。下载完成后会在桌面出现带有 R 版本信息的图标，双击该图标即可完成安装。安装完成后，双击即可启动 R 软件进入开始界面。此外，我们也能在 R 官方网站找到各个数据处理包的相关说明。我们也在此书的编写过程中，参考了这些说明。

1.2.2　RStudio 的获取和安装

RStudio 是 R 的一个集成开发环境（IDE），常用于 R 编程社区。由于比较好用且功能强大，所以使用 R 语言时都会进行安装。推荐使用 JJ Allaire 小组设计的 RStudio。我们可以去 RStudio 官网下载免费版本 RStudio Desktop。更新 R 版本可以在 RStudio 中使用 installr 包的 updateR（）更新 R 版本：installr：：updateR（）。这样不仅可以获得最新的版本，而且可以保留原来安装到 R 中的包。

这里简单介绍在 R 官网下载的方法：

在 CRAN 页面选择适配自己系统的 R 软件（图 1-1）。

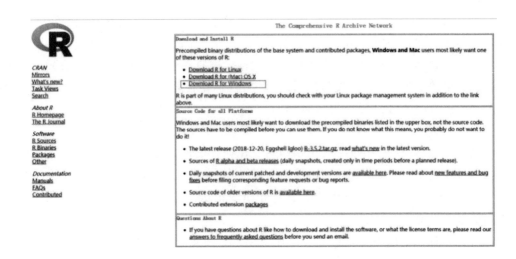

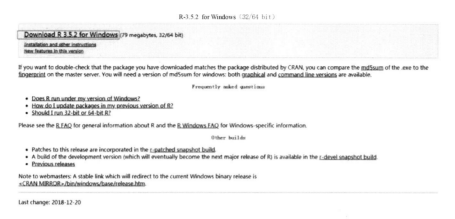

图 1-1　选择适配系统的 R 软件

常规选项选择默认，在选择组件的时候保留系统适配的版本，如 64 位（图 1-2），之后创建快捷方式就表示完成安装。

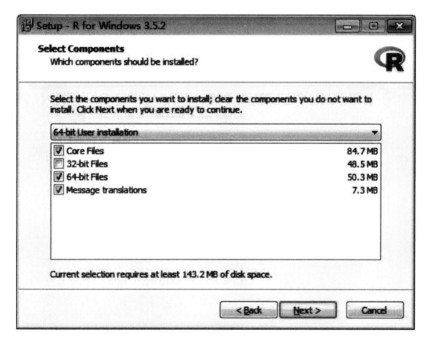

图 1-2　保留系统适配的版本

1.3　R 语言的包

1.3.1　包的安装

在安装 RStudio 后，可以单击右下角写有"Packages"的选项卡，然后在弹出的对话框中

输入包的名称，或者直接在左下角的"Console"控制台输入安装命令：install. packages
（"ggplot2"）。

1.3.2　包的加载

加载 R 包的方法：library（"package name"）和 require（"package name"）函数。

有时要把包从 R 运行环境中彻底去除，不再让该包被加载使用，可以卸除 R 包，使用
detach（"package：ggplot2"）函数，或在 RStudio 的"Packages"的界面中取消勾选相应的复
选框。

1.3.3　R 语言编程基础

R 是一种区分字母大小写的解释性语言，R 语句的分隔符是分号"；"或换行符。当语句
结束时，可以不使用分号，R 语言会自动识别语句结束的位置。R 语言支持单行注释，注释
由"#"开头。R 语句由函数和赋值构成。R 软件的所有分析和绘图均由 R 命令实现，需要
在"＞"后输入命令，命令输入完成后按"Enter"键就会运行该命令并输出相应结果。R 使
用"＜－"进行赋值，其数学运算与我们平时的数学运算（加+，减－，乘＊，除/）基本
一致。

1.4　练习题

（1）依据 R 下载及安装方法，在计算机上安装 R，通过熟悉基本操作的命令及操作界
面，掌握软件的使用方法。

（2）依据 RStudio 下载及安装方法，在计算机上安装 RStudio。

1.5　参考文献

［1］杨泽峰 . R 语言在生物统计中的应用［M］. 南京：南京大学出版社，2022：187.

［2］张杰 . R 语言数据可视化之美：专业图表绘制指南（增强版）［M］. 北京：电子工
　　业出版社，2019.

第2章 数据集及相关运算

2.1 R 语言的数据概念

R 语言有不同的数据类型，用于存储不同的数据。R 语言主要有 3 种基本的数据类型，分别是数值型（numeric）、字符型（character）及逻辑型（logical）。变量中存储的数据类型都可以使用 class( ) 函数查看。

2.1.1 数值型（numeric）

数值型（numeric）分为双整型（double）和整型（integer）两种。

2.1.1.1 双整型（double）

双整型数据可正可负，可大可小，可含小数可不含。R 中键入的任何一个数值都默认以 double 型存储。可以使用 typeof( ) 函数查看数据类型。

1>typeof（1）#查看 "1" 的数据类型

2［1］"double" #输出结果为双整型

2.1.1.2 整型（integer）

整型只能用来储存整数。在计算机内存中，整型的定义方式要比双整型更加准确（除非该整数非常大或非常小）。

1>typeof（1L）#在数字后面加大写字母 L，申明该数字以整型方式储存

2［1］"integer"

2.1.2 字符型（character）

字符型向量用以存储一小段文本，在 R 中字符要加双引号表示。字符型向量中的单个元素被称为"字符串（string）"，注意：字符串不仅可以包含英文字母，也可以由数字或符号组成。

1>typeof（"Hello world"）#字符型要加双引号表示

2［1］"character"

用常用函数举例：

1>a<-"Hello world" #赋值

2>nchar（a）#计算字符串长度

3［1］11

2.1.3 逻辑型（logical）

用以存储 TRUE（真）和 FALSE（假），在实际使用过程中，可以简写成 T/F。逻辑判断中 TRUE 相当于数字 1，FALSE 相当于数字 0。

1>typeof（T）

2［1］"logical"

R 中主要有 5 种数据结构——向量（vector）、矩阵（matrix）、数组（array）、数据框（data. frame）、列表（list）。

2.2 向量

向量是用于存储数值型、字符型或逻辑型数据的一维数组。执行组合功能函数 c() 可用来创建向量。下面是在 R 中创建不同元素向量的例子。

1>a<-c（2，4，6）

2>b<-c（"甲","乙","丙","丁"）

3>c<-c（"TRUE","FALSE","FALSE","FALSE"）

4>a；b；c

5［1］2 4 6

6［1］"甲" "乙" "丙" "丁"

7［1］"TRUE" "FALSE" "FALSE" "FALSE"

还可以使用 seq 函数、rep 函数等创建向量（表 2-1）。

表 2-1 向量的创建

输入	输出	描述
c（2,4,6）	2 4 6	将元素连接成向量
2:6	2 3 4 5 6	等差整数数列
seq（2,3,by=0.5）	2.0 2.5 3.0	步长为 0.5 的等差数列
rep（1:2，times=3）	1 2 1 2 1 2	将一个向量重复 3 次
rep（1:2，each=3）	1 1 1 2 2 2	将一个向量中的每一个元素重复 3 次
rnorm（3，mean=0,sd=3）	-2.09 -3.25 -4.25	均值为 0、标准差为 3 的正态分布
runif（3，min=0,max=1）	0.63 0.05 0.61	最大值为 1、最小值为 0 的均匀分布
sample（c（"A","B","C"），4，replace=TRUE）	"C" "A" "B" "B"	从一个向量中随机抽取

单个向量中的数据必须拥有相同的类型或模式（数值型、字符型或逻辑型）。同一向量中无法混杂不同模式的数据。

通过在方括号中给定元素所处位置的数值，可以访问向量中的元素。例如，a［c（2，4）］

用于访问向量 a 中的第二个和第四个元素。

2.3　矩阵

矩阵是一个二维数组，只是每个元素都拥有相同的模式（数值型、字符型或逻辑型）。和向量类似，矩阵中也仅能包含一种数据类型。可通过函数 matrix（）创建矩阵。使用格式为：mymatrix<-matrix（vector，nrow = number_of_rows，ncol = number_of_columns，byrow = logical_value，dimnames = list（char_vector_rownames，char_vector_colnames））。

例如，创建一个 2 行 3 列的矩阵。

a<-1:6

mat<-matrix（a，nrow = 2，ncol = 3，byrow = TRUE）

mat

得到下面的结果。

```
     [,1]  [,2]  [,3]
[1,]   1     2     3
[2,]   4     5     6
```

第 1 列中的［1,］表示第 1 行，［2,］表示第 2 行，逗号在数字后表示行；第 1 行中的［,1］表示第 1 列，［,2］表示第 2 列，［,3］表示第 3 列，逗号在数字前表示列。

要给矩阵添加行名和列名，可以使用下列的代码。

colnames（mat）= c（"NC"，"DSS"，"LBP"）

rownames（mat）= c（"A"，"B"）

mat

得到的结果如下。

```
   NC  DSS  LBP
A   1    2    3
B   4    5    6
```

2.4　数据框

由于不同的列可以包含不同模式（数值型、字符型等）的数据，数据框的概念较矩阵更为一般。数据框将是 R 中最常处理的数据结构。数据框可通过函数 data.frame（）创建：mydata<-data.frame（col1，col2，col3,...）。

其中的列向量 col1、col2、col3 等可为任何类型（如字符型、数值型或逻辑型）。每一列的名称可由函数 names 指定。创建一个数据框：

sampleID<-c（1，2，3，4）

weight<-c（15，34，17，21）

```
diabetes<-c（"NC"，"DSS"，"polysaccharide1"，"polysaccharide2"）
status<-c（"normal"，"poor"，"excellent"，"improved"）
sampledata<-data. frame（sampleID，weight，diabetes，status）
sampledata
```

	sampleID	weight	diabetes	status
1	1	15	NC	normal
2	2	34	DSS	poor
3	3	17	polysaccharide1	excellent
4	4	21	polysaccharide2	improved

每一列数据的模式必须唯一，不过可以将多个模式的不同列放到一起组成数据框。由于数据框与分析人员通常设想的数据集的形态较为接近，在讨论数据框时将交替使用术语列和变量。

要对数据框中的特定变量进行分析或绘图，可以用"$"符号指定要分析的变量。例如，要分析 diabetes，可写成 sampledata$diabetes，也可以用下标指定变量所在的列或行，这样可以避免书写变量名。例如，sampledata$diabetes 等价于 sampledata［,3］，要分析 diabetes 和 status 两个变量，可写成 sampledata［,3:4］或 sampledata［,c（3,4）］，要分析指定的行时，只需要将逗号放在数字后。例如，要分析第 3 行的数据可写成 sampledata［3,］，要分析第 3 行和第 4 行，可写成 sampledata［c（3,4），］。如下所示。

```
>table（sampledata$diabetes，sampledata$status）
```

	excellent	improved	normal	poor
DSS	0	0	0	1
NC	0	0	1	0
polysaccharide1	1	0	0	0
polysaccharide2	0	1	0	0

```
sampledata［c（"diabetes"，"status"）］
```

	diabetes	status
1	NC	normal
2	DSS	poor
3	polysaccharide1	excellent
4	polysaccharide2	improved

2.5　因子

变量可分为名义型、有序型或连续型变量。

名义型变量是没有顺序之分的类别变量。糖尿病类型 Diabetes（Type1、Type2）是名义型变量的一例。即使在数据中 Type1 编码为 1 而 Type2 编码为 2，但这并不意味着二者是有序的。

　　有序型变量表示一种顺序关系，而非数量关系。病情 Status（poor、improved、excellent）是有序型变量的一个上佳示例。病情为 poor（较差）的小鼠的状态不如 improved（病情好转）的小鼠，但并不知道相差多少。

　　连续型变量可以呈现为某个范围内的任意值，并同时表示了顺序和数量。体重 weight 就是一个连续型变量，它能够表示像 14.5 或 17.6 这样的值及其间的其他任意值。

　　类别（名义型）变量和有序类别（有序型）变量在 R 中称为因子（factor）。因子在 R 中非常重要，因为它决定了数据的分析方式，以及如何进行视觉呈现。函数 factor() 以一个整数向量的形式存储类别值，整数的取值范围是 [1⋯k]（其中 k 是名义型变量中唯一值的个数），同时一个由字符串（原始值）组成的内部向量将映射到这些整数上。

　　将无序因子转化为数值：

diabetes<-c（"Type1","Type2","Type1","Type1"）

diabetes<-factor（diabetes）

as. numeric（diabetes）

[1] 1 2 1 1

　　要表示有序型变量，需要为函数 factor() 指定参数 ordered = TRUE。对于字符型向量，因子的水平默认依字母顺序创建。可以通过指定 levels 选项来覆盖默认排序。数值型变量可以用 levels 和 labels 参数来编码成因子。

2.6　列表

　　列表（list）是 R 的数据类型中最为复杂的一种。一般来说，列表就是一些对象（或成分，component）的有序集合。列表允许整合若干（可能无关的）对象到单个对象名下。例如，某个列表中可能是若干向量、矩阵、数据框，甚至其他列表的组合。可以使用函数 list() 创建列表：mylist<-list（object1，object2，…）。

2.7　数组

　　数组（array）与矩阵类似，但是维度可以大于 2。像矩阵一样，数组中的数据也只能拥有一种模式。数组可通过 array 函数创建，形式如下：myarray <-array（vector, dimensions, dimnames）。

　　其中 vector 包含了数组中的数据，dimensions 是一个数值型向量，给出了各个维度下标的最大值，而 dimnames 是可选的、各维度名称标签的列表。创建一个三维（2×3×4）数值型数组：

>dim1<-c（"A1","A2"）

>dim2<-c（"B1","B2","B3"）

>dim3<-c（"C1","C2","C3","C4"）

```
>z<-array（1:24，c（2，3，4），dimnames=list（dim1，dim2，dim3））
>z
，，C1
    B1  B2  B3
A1  1   3   5
A2  2   4   6
，，C2
    B1  B2  B3
A1  7   9   11
A2  8   10  12
，，C3
    B1  B2  B3
A1  13  15  17
A2  14  16  18
，，C4
    B1  B2  B3
A1  19  21  23
A2  20  22  24
```

2.8　数据的导入与导出

我们常用外部保存的数据文件来绘制图表。此时，就需要借助可以导入数据的函数导入不同格式的数据，包括 CSV、TXT，以及 Excel、SQL、HTML 等数据文件。有时候，我们也需要将处理好的数据从 R 语言中导出保存。其中，在数据可视化中使用最多的就是前三种格式的数据文件。

2.8.1　Excel 格式数据的导入与导出

使用 xlsx 包的 read. xlsx（）函数和 read. xlsx2（）函数可以导入 XLSX 格式的数据文件：
mydata<-read. xlsx（"Data. xlsx"，sheetlndex=1）
但是更推荐使用 CSV 格式导入数据文件。
也可以使用 write. xlsx（）函数将数据文件导出为 XLSX 格式：
write. xlsx（mydata，"Data. xlsx"，sheetName="Sheet Name"）
需要注意的是：在使用 R 语言 ggplot2 绘图时，通常使用一维数据列表的数据框。但是如果导入的表格是二维数据列表，那么我们需要使用 reshape2 包的 melt（）函数或者 tidyr 包的 gather（）函数以将二维数据列表的数据框转换成一维数据列表。

2.8.2　其他格式导入

使用 read. csv 函数可以将 CSV 格式数据读入 R 界面中。如果 CSV 数据中包含标题，并已存放在指定的路径下，例如，已将数据取名为 table1_1，并存放在路径 C：/mydata/chap01/ 中。读取该数据可使用下面的代码。

table1_1<-read. csv（"C：/mydata/chap01/table1_1. csv"）

如果数据中不含有标题，例如，data1_1 中的第 1 行没有标题，读取该数据可使用下面的代码。

table1_1<-read. csv（"C：/mydata/chap01/table1_1. csv"，header=FALSE）

如果数据本身是 R 格式或已将其他格式数据存成了 R 格式，使用 load 函数可以将指定路径下的数据读入 R 界面。例如，假定 table1_1 已经是 R 格式数据，读取该数据可使用代码 load （"C：/mydata/chap01/table11. RData"）。

CSV 文件主要有以下 3 个特点：

（1）文件结构简单，基本上和 TXT 文本的差别不大。

（2）可以和 Excel 进行转换，这是一个很大的优点，很容易进行查看模式转换，但是其文件的存储容量比 Excel 小。

（3）由于其简单的存储方式，一方面，可以降低存储信息的容量，这样有利于网络传输及客户端的再处理；另一方面，由于是一堆没有任何说明的数据，其具备基本的安全性。所以相比 TXT 和 Excel 数据文件，我们更加推荐使用 CSV 格式的数据文件进行导入与导出操作。

2.9　练习题

（1）用函数 rep()构造一个向量 x，它由 3 个 5，2 个 5，6 个 1 构成。

（2）由 1，2，…，16 构成两个方阵，其中矩阵 A 按列输入，矩阵 B 按行输入，并计算：

C = A+B；

D = A. * B；

E = AB；

去除 A 的第 3 行，B 的第 3 列，重新计算上面的矩阵 E。

（3）构建一个数据框，并使用两种方法来选取变量；使用 sample 函数实现放回随机抽样与不放回随机抽样。

（4）创建一个列表，并使用 melt 函数将其融合。

（5）构建一个字符型向量，并使用 sub 函数和 gsub 函数完成字符串替换；使用 paste 函数分别返回一个字符型向量和一个字符串。

（6）练习将 Excel 数据文件导入 R 中。

2.10　参考文献

[1]汤银才. R 语言与统计分析［M］. 北京：高等教育出版社，2008.

［2］张杰. R 语言数据可视化之美：专业图表绘制指南（增强版）［M］. 北京：电子工业出版社，2019.

［3］林智章，张良均. R 编程基础［M］. 北京：人民邮电出版社，2019.

第 3 章　基于 ggplot2 的基本图形绘制

3.1　ggplot2 简介

3.1.1　R 语言绘图基础

R 语言拥有非常强大的绘图功能。在 R 语言中也有多种方法进行绘图。比较流行的工具包有 graphics、lattice 和 ggplot2 等。当然在 R 给定的函数中有三点必须注意：

（1）对字符型数据进行排序时，是按照单词的美国信息交换标准代码（ASCII）顺序排列的，有时会出现意想不到的情况，因此要给出序号或者使用整数作为坐标轴。

（2）作图函数对数据的尺寸有要求，因此，如果两个 x、y 长度不同或者不是一种类型，有时是无法作图的。

（3）R 中可作图的函数很多，因此需要按照需求查询帮助文档来解决一些细微的修饰问题。

下面是 R 语言主要的基本作图函数（表 3-1）。

表 3-1　基本作图函数

函数	注释
plot（x，y）	x 与 y 的二元作图
sunflowerplot（x，y）	同上，但是以相似坐标的点作为花朵，其花瓣数目为点的个数
pie（x）	饼图
boxplot（x）	盒形图
stripchart（x）	把 x 的值画在一条线段上，在样本量较小时可替代盒形图
Coplot（x~y｜z）	关于 z 的每个数值绘制 x 与 y 的二元图
Matplot（x，y）	二元图，x 的第一列对应 y 的第一列，以此类推
Dotchart（x）	如果 x 是数据框，作 Cleveland 点图
Assocplot（x）	Cohen-Friendly 图
Mosaicplot（x）	列联表的对数线性回归残差的马赛克图
Pairs（x）	例如 x 是矩阵或数据框，作 x 的各列之间的二元图
Hist（x）	x 的频率直方图
Barplot（x）	x 值的条形图

续表

函数	注释
Qqnorm（x）	正态分位数—分位数图
Qqplot（x，y）	y 对 x 的分位数—分位数图
Contour（x，y，z）	等高线图，x 和 y 必须是向量，z 必须是矩阵
Image（x，y，z）	同上，但实际数据大小可用不同色彩表示
Persp（x，y，z）	同上，但为透视图
Stars（x）	如果 x 是矩阵或者数据框，则用星形或线段画出
Symbols（x，y，…）	由 x 和 y 给定坐标画符号
Termplot（mod. obj）	回归模型的（偏）影像图

3.1.2 基于 ggplot2 的基本图形绘制原则

ggplot2 包基于一种全面的图形语法，提供了一种全新的图形创建方式，这种图形语法把绘图过程归纳为数据（data）、转换（transformation）、度量（scale）、坐标系（coordinate）、元素（element）、指引（guide）、显示（display）等一系列独立的步骤，通过将这些步骤搭配组合，来实现个性化的统计绘图。于是，得益于该图形语法，哈德利·威克姆（Hadley Wickham）开发的 ggplot2 包非常人性化，不同于 R base 基础绘图和先前的 lattice 包那样参数繁多，而是摒弃了诸多烦琐细节，并以人性化的思维进行高质量作图。在 ggplot2 包中，加号（+）的引入是革命性的，这个神奇的符号完成了一系列图形语法叠加。更多 ggplot2 的使用与学习可以参考两本关于 ggplot2 的经典书籍：《ggplot2：数据分析与图形艺术》（*ggplot2：Elegant Graphics for Data Analysis*）和《R 数据可视化手册》（*R Graphics Cookbook*）。

为了说明 ggplot2 使用图层绘图的过程。我们可以想象一下平日里在纸上绘图的过程：假设我们使用的是一张浅灰色的纸，即背景为灰色的纸，并且假设我们最终需要呈现的是一张散点图。

第一步，拿到数据后，首先在头脑中根据数据的特征确定采用什么样的坐标系，例如，采用直角平面坐标系，然后找到这些数据在坐标平面中对应的位置。需要注意的是，当前仅仅是找到数据在坐标平面中的位置，而不是确定选择数据的图形呈现，也就是说，如果绘制数据点，则必定涉及根据数据的统计特征，选择散点图、折线图或者柱形图等图形展示数据，即呈现在图形中的点、线、多边形等元素，这是图形的几何属性。在确定了数据点的位置后，对分属不同组别的数据点，我们可以使用不同的大小、颜色、形状、填充、透明度等视觉效果，并配以图例加以区分。对于这一步而言，所有的过程都是在脑海中呈现的，并未绘制在纸上，但是我们可以这样来看，即头脑中的图形在纸上已经得到了"映射"。

第二步，要根据以上所想，在纸上将图形绘制出来。我们选择的是散点图，根据之前的考虑，在相应数据位置上绘制散点。对于第二步而言，我们把它看作绘图时的一个图层。如果不是散点图，而是折线图，第一步的过程就不需要改变，只需要将散点图层换作折线图层即可，不用替换坐标轴等。这就是图层的基本概念。

基于图层的绘图方式可以极大地提高绘图的效率和灵活性，它使修改图形的每一个组成因素都变得非常简单。

在《ggplot2：数据分析与图形艺术》一书中，哈德利·威克姆写道："一张统计图形就是从数据到几何对象的图形属性的一个映射。此外，图形中还可能包含数据的统计变换，最后绘制在某个特定的坐标系（coord）中，而分面则可以用来生成数据不同子集的图形。总而言之，一张统一图形就是由上述这些独立的图形部件所组成的。"接下来就从各个部分详细学习 ggplot2。

3.1.2.1　ggplot2 的几个特点

（1）将数据、数据相关绘图、数据无关绘图分离。ggplot2 将数据、数据到图形要素的映射，以及和数据无关的图形要素绘制分离。这让 ggplot2 的使用者能清楚分明地感受到一张数据分析图真正的组成部分，有针对性地进行开发、调整。

（2）图层式的开发逻辑。在 ggplot2 中，图形的绘制是一个个图层添加上去的。例如，我们首先决定探索一下身高与体重的关系；其次画了一个简单的散点图；再次决定最好区分性别，图中点的色彩对应于不同的性别；从次决定最好区分地区，拆成东中西 3 幅小图；最后决定加入回归直线，直观地看出趋势。这是一个层层推进的结构过程，在每一个推进中，都有额外的信息被加入。在使用 ggplot2 的过程中，上述的每一步都是一个图层，能够叠加到上一步并可视化展示出来。

（3）图形美观。ggplot2 的扩展包丰富，有专门调整颜色（color）、字体（font）和主题（theme）等的辅助包，可以帮助用户快速定制个性化图表。

3.1.2.2　ggplot2 的作图一般步骤

（1）准备数据，一般为数据框，且为长表，即每个观测时间占一行，每个观测变量占一列。

（2）将数据输入 ggplot() 函数中，并指定参与作图的每个变量分别映射到哪些图形特性，如映射为 x 坐标、y 坐标、颜色、形状等。这些映射称为 aesthetic mappings 或 aesthetics。

（3）选择一个合适的图形类型，函数名以 geom_开头，如 geom_point() 表示散点图。图形类型简称为 geom。将 ggplot() 部分与 geom_xxx() 部分用加号连接。到此已经可以作图，下面的步骤是进一步予以细化设定。我们通常使用 geom_xxx() 函数就可以绘制大部分图标，有时候通过设定 stat 参数可以先实现统计变换。

（4）设定适当的坐标系统，如 coord_cartesian()、scale_x_log10() 等，仍用加号连接。

（5）设定标题和图例位置等，如 labs()，仍用加号连接。

3.1.2.3　geom_xxx()：几何对象函数

R 中的 ggplot2 包包含几十种不同的几何对象函数 geom_xxx()，以及统计变换函数 stat_xxx()。通常，我们主要使用几何对象函数 geom_xxx()，只有当绘制图表涉及统计变换时，才会使用统计变换函数 stat_xxx()，如绘制带误差线的均值散点图或柱形图等。

根据函数输入的变量总数与数据类型（连续型或离散型），我们可以将大部分函数大致分为以下五类：

（1）变量数为 1 的函数：geom_histogram()、geom_density()、geom_dotplot()、geom_freqpoly()、geom_qq()、geom_area()、geom_bar()，这些函数常用于绘制统计直方图、核密度估计曲线图、柱形图系列。

（2）变量数为 2 的函数：geom_point（）、geom_area（）、geom_line（）、geom_jitter（）、geom_smooth（）、geom_label（）、geom_text（）、geom_bin2d（）、geom_hex（）、geom_density2d（）、geom_map（）、geom_step（）、geom_quantile（）、geom_rug（）、geom_boxplot（）、geom_violin（）、geom_dotplot（）、geom_col（），这些函数常用于绘制散点图系列、面积图系列、折线图系列，包括抖动散点图、平滑曲线图、文本、标签、二维统计直方图、二维核密度估计图、地理空间图表、箱形图、小提琴图、点阵图、统计直方图。

（3）变量数为 3 的函数：geom_contour（）、geom_raster（）、geom_tile（），这些函数常用于绘制等高线图、热力图。

（4）图元（graphical primitive）系列函数：geom_curve（）、geom_path（）、geom_polygon（）、geom_rect（）、geom_ribbon（）、geom_linerange（）、geom_abline（）、geom_hline（）、geom_vline（）、geom_segment（）、geom_spoke（），这些函数主要用于绘制基本的图表元素，如矩形方块、多边线段等，可以供用户创造新的图表类型。

（5）误差（error）展示函数：geom_crossbar（）、geom_errorbar（）、geom_errorbarh、geom_pointrange（），可以分别绘制误差框、竖直误差线、水平误差线、带误差棒的均值点。但是，这些函数需要先设统计变换参数，才能自动根据数据计算得到均值与标准差，再使用其绘制误差信息。

3.1.2.4 stat_xxx（）：统计变换函数

统计（stat）变换函数在数据被绘制出来之前对数据进行聚合和其他计算。stat_xxx（）确定了数据的计算方法。不同方法的计算会产生不同的结果，所以一个 stat（）函数必须与一个 geom（）函数对应才能进行数据的计算。在某些特殊类型的统计图形制作过程中（比如柱形图、直方图、平滑曲线图、概率密度曲线图、箱形图等），数据对象在向几何对象的视觉信号映射过程中，会做特殊转换，也称为统计变换过程。为了让作图者更好地聚焦于统计变换过程，将该图层以同效果的 stat_xxx（）命名可以很好地达到聚焦注意力的目的。

我们可以将 geom_xxx（几何对象）和 stat_xxx（统计变换）都视作图层。大多是由成对出现的 geom_xxx（）和 stat_xxx（）函数完成的，绘图效果也很相似，但并非相同。每一个图层都包含一个几何对象和一个统计变换，也即每一个以 geom_xxx 开头的几何对象都含有一个 stat 参数，同时每一个以 stat_xxx 开头的几何对象都拥有一个 geom 参数。

例如，以 stat_xxx（）开头的图层绘制特殊统计图形（图 3-1）：

MetabolomicsDateSet<-read.csv（"D:\\R\\MetabolomicsDateSet.csv"）

ggplot（MetabolomicsDateSet, aes（xylose, phenylalanine, fill = xylose））+ stat_summary（fun="mean", fun.args=list（mult=1）, geom="point", color="black", size=4）

以 geom_xxx（）开头的图层绘制特殊统计图形（图 3-2）：

ggplot（MetabolomicsDateSet, aes（xylose, phenylalanine, fill=xylose））+geom_point（stat="summary", fun="mean", fun.args=list（mult=1）, color="black", size=4）

3.1.2.5 视觉通道映射

视觉通道映射就是将数据经过一个过程，使其变成想要的图形。R 语言中可以作为视觉通道映射参数的主要包括 color/col/colour、fill、alpha、size、angle、linetype、shape、vjust 和 hjust，其中包括分类、定性的视觉通道（如 linetype、shape）和定量的视觉通道。

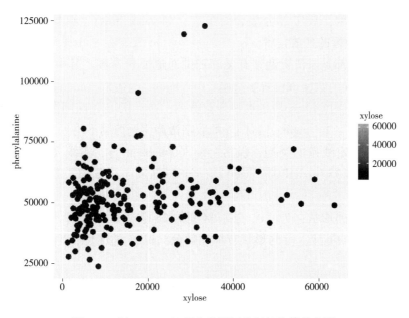

图 3-1　以 stat_xxx( ) 开头的图层绘制的均值散点图

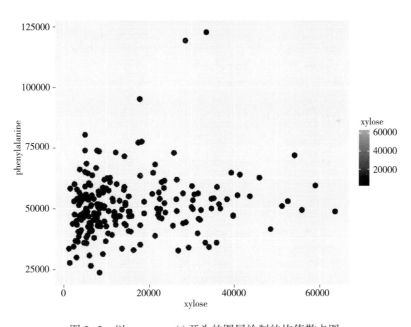

图 3-2　以 geom_xxx( ) 开头的图层绘制的均值散点图

（1） color/col/colour、fill 和 alpha 的属性都是与颜色相关的视觉通道映射参数，其中 color/col/colour 是指点（point）、线（line）和填充区域（region）轮廓的颜色；fill 是指定填充区域（region）的颜色；alpha 是指定颜色的透明度，数值范围从 0（完全透明）到 1（不透明）。

（2） size 是指点（point）的尺寸或线（line）的宽度，默认单位为 mm，可以在 geom_point( ) 函数绘制的散点图的基础上，添加 size 的映射从而作出气泡图。

（3）angle 是指角度，只有部分集合对象有，如 geom_text（）函数中文本的摆放角度、geom_spoke（）函数中短棒的摆放角度。

（4）vjust 和 hjust 都是与位置调整有关的视觉通道映射参数。其中，vjust 是指垂直位置微调，在［0，1］区间的数字或位置字符串：0='button'，0.5='middle'，1='top'，区间外的数字微调比例控制不均；hjust 是指水平位置微调，在［0，1］区间的数字或位置字符串：0='left'，0.5='center'，1='right'，区间外的数字微调比例控制不均。

（5）linetype 是指定线条的类型，包括白线（0='blank'）、实线（1='solid'）、短虚线（2='dashed'）、点线（3='dotted'）、点横线（4='dotdash'）、长虚线（5='longdash'）、短长虚线（6='towdash'）。

（6）shape 是指点的形状，为［0，25］区间的 26 个整数，分别对应方形、圆形、三角形、菱形等 26 种不同的形状。有的形状有填充颜色（fill）的属性，但有的形状只有轮廓颜色（color）的属性。

R 中 ggplot2 的 geom_xxx（）系列函数，其基础的展示元素可以分成四类：点（point）、线（line）、多边形（polygon）和文本（text），如表 3-2 所示的函数，对应四种基础元素。

表 3-2　ggplot2 常见函数的主要视觉通道映射

geom_xxx（）函数	类别型视觉通道映射	数值型视觉通道映射
geom_point（）、geom_jitter（）、geom_dotplot（）等	color、fill、shape	color、fill、alpha、size
geom_line（）、geom_path（）、geom_curve（）、geom_density（）、geom_linerange（）、geom_step（）、geom_abline（）、geom_hline（）等	color、linetype	color、size
geom_polygon（）、geom_rect（）、geom_bar（）、geom_ribbon（）、geom_area（）、geom_histogram（）、geom_violin（）等	color、fill	color、fill、alpha
geom_label（）、geom_text（）	color	color、angle、vjust、hjust

例如，使用 geom_point（）函数绘制散点图，通过设定各种视觉通道映射，完成不同视觉效果的显示。

使用的参数包括 x、y、alpha（透明度）、color（轮廓色）、fill（填充颜色）、group（分组映射的变量）、shape（形状）、size（大小）、stroke（轮廓线条的粗细）。图 3-3 是将离散类别型变量 Gender 映射到散点的填充颜色（fill）使用 scale_xxx_manual（）手动定义 fill 和 shape 的度量，ggplot2 会自动将不同的填充颜色对应类别的数据点。

除此之外，还有不用作变量视觉通道映射的参数，指这些参数的参数值不需要有数据的支持，而是有指定的值，如字体（family）和字型（fontface）。其中，字型分为 plain（常规体）、bold（粗体）、italic（斜体）、bold. italic（粗斜体）。常用于 geom_text（）等文本对象函数；字体内置的有 3 种：sans、serif、mono，但是可以通过扩展包 extrafont 将其他字体转换为 ggplot2 可识别的标准形式，还可以通过 showtext 包以图片的形式将字体插入 ggplot2 绘制的图表中。

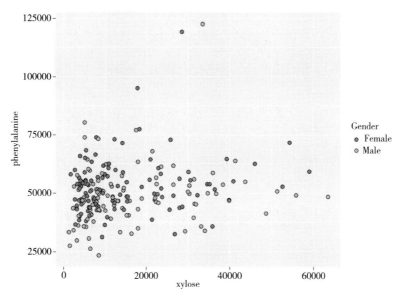

图 3-3　以 geom_point( ) 开头的图层绘制的均值散点图

3.1.2.6　度量调整

度量主要用来控制变量映射到视觉对象的具体细节，在变量映射中虽然能够进行初步的颜色和形状分类，但是毕竟是粗尺度和默认的，要想实现视觉对象的自我精细定义，必须使用度量调整。根据视觉通道映射的变量属性，将度量调整函数分成数值型和类别型两大类。ggplot2 的默认度量为 scale_xxx_identity( )。scale_xxx_manual( ) 表示手动自定义离散的度量，包括 color、fill、alpha、linetype、shape 和 size 等视觉通道映射参数（表 3-3）。

表 3-3　ggplot2 常见函数的主要视觉通道映射

度量	数值型	类别型
x：X 轴度量 y：Y 轴度量	scale_x/y_continuous( ) scale_x/y_log10( ) scale_x/y_sqrt( ) scale_x/y_reverse( ) scale_x/y_date( ) scale_x/y_datetime( ) scale_x/y_time( )	scale_x/y_discrete( )
color：轮廓色度量 fill：填充颜色度量	scale_color/fill_continuous( ) scale_fill_distiller( ) scale_color/fill_gradient( ) scale_color/fill_gradient2( ) scale_color/fill_gradientn( )	scale_color/fill_discrete( ) scale_color/fill_brewer( ) scale_color/fill_manual( )

续表

度量	数值型	类别型
alpha：透明度度量	scale_alpha_continuous( )	scale_alpha_discrete( ) scale_alpha_manual( )
linetype：线形状度量	—	scale_linetype_discrete( ) scale_linetype_manual( )
shape：形状度量	—	scale_shape( ) scale_shape_manual( )
size：大小度量	scale_size( ) scale_size_area( )	scale_size_manual( )

合理地使用通道映射参数，并调整合适的度量，是进行绘图的重点。最基本的可视化形式是简单地把数据映射为彩色图形，它的工作原理就像大脑倾向于寻找模式，可以在图形和它所代表的数字之间进行切换。一般情况下，人们理解视觉暗示的精确程度是：位置>长度>角度>方向>面积>体积>饱和度>色相>纹理>形状。

在绘图过程中选择正确的视觉暗示取决于对形状、颜色、大小的理解，以及数据本身要表达的信息。不同的图表应该选择不同的视觉暗示，合理的视觉暗示组合能够更好地促进别人理解图表的数据信息。

对于这部分问题，我们需要重点理解 fill、color、shape、size 等视觉通道映射参数的具体位置，主要是何时应该在 aes( )内部，何时应该在 aes( )外部。

当我们制定的视觉通道映射参数需要进行个性化映射时（即一个一个地映射），应该写在 aes( )的内部，即每个观测值都会按照我们制定的特定变量值进行个性化的设定。典型的情况是需要添加一个维度，将这个维度按照颜色、大小、线条等方式，针对维度向量中每一个记录值进行一对一的设定。

当我们需要统一设定某些图表元素对象（共性，统一化）时，应该将其参数指定在 aes( )的外部，即所有观测值都会按照统一属性进行映射，例如，size=5，linetype='dash'，color='blue'。典型的情况就是需要统一所有点的大小、颜色、形状、透明度，或者线条的颜色、粗细、形状等，这种情况下不会消耗数据源中任何一个维度或者度量指标，仅仅是对已经呈现出来的图形元素的外观属性进行统一的设定。

3.1.2.7 坐标系

ggplot2 包会在创建图时自动创建刻度线、刻度标记标签和坐标轴标签。它们往往看起来不错，但是有时我们需要在更大程度上控制它们的外观。我们已经知道了如何通过 labs( )函数来添加标题并改变坐标轴标签。在这一部分，我们将自定义轴标签。表 3-4 包含了用于自定义坐标轴的函数。

表 3-4　控制坐标轴和刻度线外观的函数

函数	选项
scale_x_continuous( ) 和 scale_y_continuous( )	breaks = 指定刻度标记，labels = 指定刻度标记标签，limits = 控制要展示的值的范围
scale_x_discrete( ) 和 scale_y_discrete( )	breaks = 对因子的水平进行放置和排序，labels = 指定这些水平的标签，limits = 表示哪些水平应该展示
coord_flip( )	颠倒 x 轴和 y 轴

我们常用的是直角坐标系。直角坐标系又叫笛卡尔坐标系，它通过一对数字坐标在平面中唯一地指定每个点，该坐标系是以相同的长度单位测量的两个固定的垂直有向线的点的有符号距离。每个参考线都被称为坐标轴或系统的轴，它们相遇的点通常是有序对（0，0）。坐标也可以定义为点到两个轴的垂直投影的位置，表示为与原点的有符号距离。

ggplot2 的直角坐标系包括 coord_cartesian( )、coord_fixed( )、coord_flip( ) 和 coord_trans( ) 4 种类型。ggplot2 中的默认类型为 coord_cartesian( )，其他坐标系都是通过直角坐标系画图，然后变换过来的。在直角坐标系中，可以使用 coord_fixed ( ) 固定纵横比，在绘制华夫饼图和复合型散点饼图时，我们需要使纵横比为 1：2。代码为：ggplot（MetabolomicsDateSet，aes（xylose，phenylalanine，fill = xylose）） +geom_point（stat = "summary"，fun. args = list（mult = 1），color = "black"，size = 4+color_fixed（ratio = 1/2）。（图 3-4）。

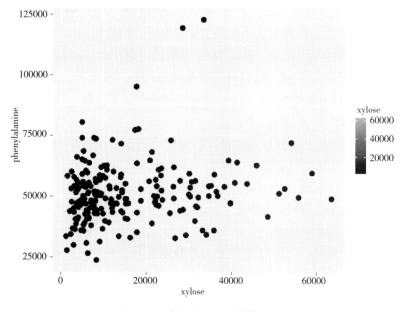

图 3-4　直角坐标系下的散点图

坐标轴的度量主要分为 3 种：数字、分类坐标轴度量和时间坐标轴度量。在 ggplot2 中，数字坐标轴度量包括 scale_x/y_continuous( )，scale_x/y_log10( )，scale_x/y_sqrt( )，scale_x/y_reverse( )；分类坐标轴度量包括 scale_x/y_discrete( )；时间坐标轴度量包括 scale_x/y_date( )，scale_x/y_datetime( )，scale_x/y_time( )。

3.1.2.8　图例

向图形中添加图例是经常用到的低级绘图函数。使用命令 help（legend）查看其基本用法。以下主要介绍 legend 函数的用法。其参数比较多，不过大体上分为以下几种功能：

（1）位置坐标参数。x 和 y 代表图例位置的横纵坐标，除了输入精确的 x、y 坐标，只在 x 参数中输入"left" "right" "top" "bottom" "topleft" "topright" "bottomleft" "bottomright" 8 个单词，可以实现图例在图形左、右、上、下、左上、右上、左下、右下的快速布局。

（2）文本参数。legend 表示每一个图例的文字说明；text. font 表示字体，即粗体、斜体；title 表示图例整体的标题，text. width 是文本的宽度。

（3）颜色参数。col 是点或线的颜色，fill 是方块的填充颜色，text. col 是图例文字的颜色，title. col 是标题的颜色，bg 是图例的背景色，pt. bg 是点的填充色。

（4）形状参数。lty 是线的类型，pch 是点的类型，angle 是阴影线角度，density 是阴影线密度。

（5）大小参数。cex 是整体的大小，pt. cex 是点的大小，pt. lwd 是点的轮廓线粗细，lwd 是线的粗细，seg. len 是线的长短。

（6）边框参数。bty 是边框的类型，只提供 2 种类型，"o" 是有边框，"n" 是无边框；x. intersp 是边框的宽度，y. intersp 是边框的高度。

（7）位置微调参数。xjust 和 yjust 是图例实际位置相对输入的 x、y 坐标点的位置。x 和 y 是图例中心的位置，当 xjust = 0.5 时，表明图例中心恰好在 x 点，如果 xjust = 0，则表示图例中心位于 x 点偏左 0.5 处，如果 xjust = 1，则表示图例中心位于 x 点偏右 0.5 处；yjust 是对垂直位置的微调，用法相同；adj 是对文本水平位置的微调，用法相同。

（8）其他。merge 如果为 TRUE，表示当有点和线同时出现时，点和线在图形上合并展示，即点画在线上。ncol 是图例的列数，可以理解成每行写几个，默认为 1。horiz 控制图例横排还是竖排，不是文字横着写还是竖着写，而是当图例有多个时，是排成一行还是排成一列。

3.1.2.9　主题系统

主题系统允许对图像中的非数据元素进行精细的调整。它不会影响几何对象和标度等数据元素。主题不能改变图像的感官性质，但它可以使图像变得更美观，满足整体一致性的要求。主题的控制包括字体、轴标签（tick）、面板的条状区域（strip）、背景等。主题可以使用一次，也可以保存起来应用到多个图中。

主题系统由 4 个主要部分组成。

（1）主题元素（element）制定了能控制的非数据元素。例如，plot. title 元素控制了图像标题的外观；axis. ticks. x 指的是 x 轴上的标签；legend. key. height 则是图例符号的高度。

（2）每一个元素都和一个元素函数（element function）绑定，元素函数表述了元素的视觉属性。例如，element_text( )设定了字体大小、颜色，还有像 plot. title( )等文字元素的外观。

（3）theme( )函数允许通过运行元素函数来覆盖默认的主题函数，例如，theme（plot. title = element_text（color = "red"））。

（4）如 theme_grey( )这种完整的主题。主题把所有的主题元素的值设置得和谐共存。

ggplot2 带有 8 种默认的主题模板，分别是：网格白色主题，主题函数 theme_bw( )；经典主题，主题函数 theme_classic( )；暗色主题，可用于对比，主题函数 theme_dark( )；默认主

题，主题函数 theme_gray( )；浅色坐标带网格，主题函数 theme_light( )；黑色网格线，主题
函数 theme_linedraw( )；极简主题，主题函数 theme_minimal( )；空白主题，主题函数 theme_
void( )。图表风格如图 3-5 所示。

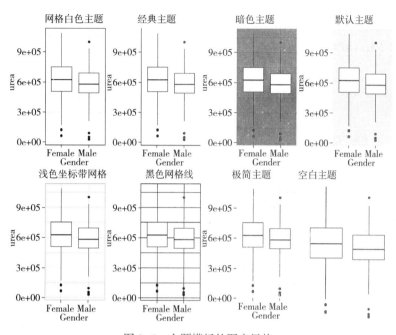

图 3-5　主题模板的图表风格

3.2　条形图

在条形图中，类别型或序数型变量映射到纵轴的位置，数值型变量映射到矩形的宽度。
条形图的柱形变为 x-轴方向，与柱形图相比，条形图更加强调项目之间的大小对比。尤其在
项目名称较长及数量较多时，采用条形图可视化数据会更加美观、清晰。

当条形图的 y 轴就是数据框中原本的数值时，必须将 geom_bar( ) 函数中 stat（统计转换）
参数设置为' identity'，即对原始数据集不作任何统计变换，而该参数的默认值为' count'，即
观测数量。

3.2.1　基础条形图

例 3-1：高脂膳食易诱发肥胖症，小明利用小鼠构建了高脂小鼠模型。表 3-5 是末周测
定的不同组的体重。

表 3-5　小鼠末周测定的不同组的体重（g）

分组	控制组（ND）	高脂组（HFD）	多糖治疗组（TREAT）
体重	26.03	35.12	28.65

R 运行代码如下：

```
library（ggplot2）
x <-c（'ND'，'HFD'，'TREAT'）
y <-c（26.03，35.12，28.65）
df <-data.frame（x=x，y=y）
a<-ggplot（data=df，mapping=aes（x=x，y=y））+geom_bar（stat='identity'）
a
```

得到条形图如图 3-6、图 3-7 所示。

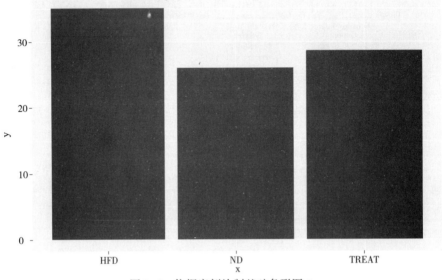

图 3-6　依据案例绘制基础条形图 1

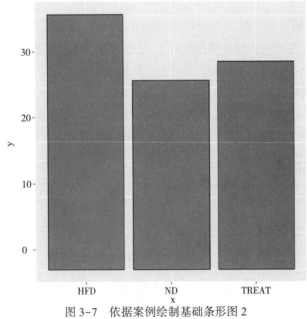

图 3-7　依据案例绘制基础条形图 2

图片颜色为灰色，显得不那么亮眼，为了使颜色更加丰富多彩，可以在 geom_bar( ) 函数内通过 fill 参数和 colour 参数设置条形图的填充色和边框色，例如：

b<-a+geom_bar（stat='identity', fill='steelblue', colour='darkred'）

b

3.2.2　簇状条形图

上述绘制的条形图基于一个离散变量作为 x 轴，如果想绘制两个离散变量的条形图即簇状条形图，应该如何做？簇状条形图属于条形图的一种，又叫分组条形图，是一种以不同分组高度相同的长方形的宽度为变量的统计图表，每个分组中的柱子使用不同的颜色或者相同颜色、不同透明的方式区别各分类，各分组需要保持间隔。在簇状条形图中，通常沿垂直轴组织类别，而沿水平轴组织数值。簇状条形图经常用于相同分类数据不同组间数据的比较，通常适用于当使用者需要在同一个轴上显示各分类下不同的分组时，如果表内分组过多，会导致柱子过密，则不适合使用簇状条形图。

例 3-2：小鼠进行水迷宫实验测量其学习期间 5 天的逃逸潜伏期，利用簇状条形图表示，R 运行代码如下：

library（ggplot2）

x<-rep（1:5, each=3）

y<-rep（c（'ND', 'HFD', 'TREAT'））

set. seed（1234）

z<-round（runif（min=10, max=20, n=15））

df<-data. frame（x=x, y=y, z=z）

ggplot（data=df, mapping=aes（x=factor（x）, y=z, fill=y））+geom_bar（stat='identity', position='dodge'），得到条形图（图 3-8）。

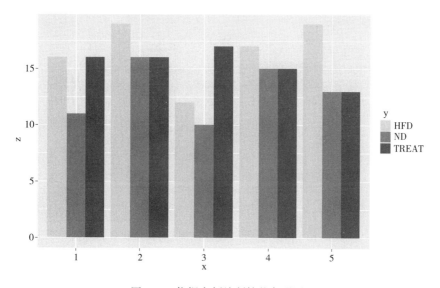

图 3-8　依据案例绘制簇状条形图

对于簇状条形图，只需在 ggplot( )函数的 aes( )参数中将其他离散变量赋给 fill 参数即可。这里的 position 参数表示条形图的摆放形式，默认为堆叠式（stack），还可以是百分比的堆叠式。下面分别设置这两种参数，查看一下条形图的摆放形式（图 3-9）。

堆叠式 R 运行代码如下：

ggplot（data = df，mapping = aes（x = factor（x），y = z，fill = y））+ geom_bar（stat = 'identity'，position = 'stack'）

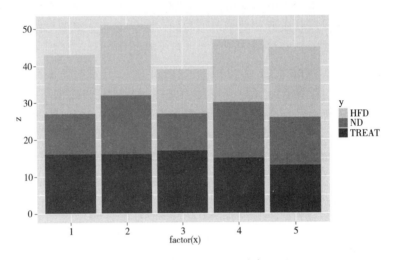

图 3-9　依据案例绘制堆叠式条形图

如果发现条形图的堆叠顺序与图例顺序恰好相反，需再添加 guides( )函数进行设置即可，guides( )函数将图例引到 fill 属性中，再使图例反转即可（图 3-10）。如下所示：

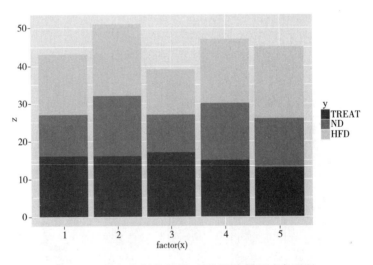

图 3-10　依据案例绘制更正图例顺序堆叠式条形图

ggplot（data = df，mapping = aes（x = factor（x），y = z，fill = y））+ geom_bar（stat = 'identity'，position = 'stack'）+ guides（fill = guide_legend（reverse = TRUE））

百分比堆叠（图 3-11）R 运行代码如下：

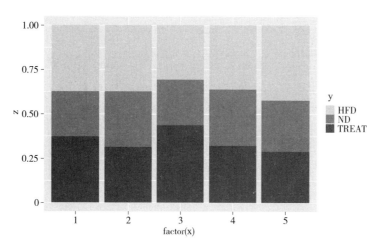

图 3-11　依据案例绘制百分比堆叠式条形图

ggplot（data = df，mapping = aes（x = factor（x），y = z，fill = y））+ geom_bar（stat = 'identity'，position = 'fill'）

如果觉得 R 自动配置的填充色不好看，还可以根据自定义的形式更改条形图的填充色，具体使用 scale_fill_brewer( ) 和 scale_fill_manual( ) 函数进行颜色设置（图 3-12）。

scale_fill_brewer( ) 函数使用 R 自带的 ColorBrewer 画板，具体的调色板颜色可以查看 scale_fill_brewer( ) 函数的帮助。R 运行代码如下：

ggplot（data = df，mapping = aes（x = factor（x），y = z，fill = y）） + geom_bar（stat = 'identity'，position = 'dodge'）+scale_fill_brewer（palette = 'Accent'）

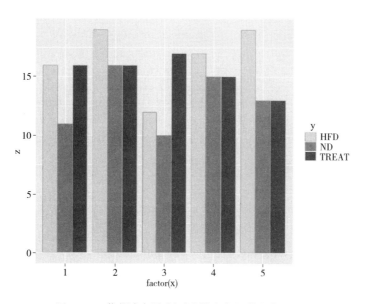

图 3-12　依据案例绘制更改填充色的簇状条形图

3.3 散点图

散点图是指在回归分析中，数据点在直角坐标系平面上的分布图，散点图表示因变量随自变量而变化的大致趋势，据此可以选择合适的函数对数据点进行拟合。用两组数据构成多个坐标点，考查坐标点的分布，判断两变量之间是否存在某种关联或总结坐标点的分布模式。散点图将序列显示为一组点。值由点在图表中的位置表示。类别由图表中的不同标记表示。散点图通常用于比较跨类别的聚合数据。散点图可以提供 3 类关键信息：

（1）变量之间是否存在数量关联趋势。

（2）如果存在关联趋势，那么其是线性还是非线性的。

（3）观察是否存在离群值，从而分析这些离群值对建模分析的影响。

带趋势的二维散点图分为如下情况。

3.3.1 回归曲线

Excel 可以实现 5 种数据回归类型，Origin，SigmaPlot 和 GraphPad Prism 也可以根据数据绘制二维散点图后，通过数据"分析（A）"模块的"拟合（F）"命令添加回归线，总的来说，给散点图添加回归曲线，使用 Excel 是最简单的方法。

3.3.2 平滑曲线

R 中的 ggplot2 包的 geom_smooth（）函数基本能满足平时实验数据处理要求，使用 LOESS 方法平滑数据的核心代码如下：

Library （ggplot2）

Mydata<-read. csv （"Scatter_Data. csv"，stringsAsFactors＝FALSE）

ggplot2 （data＝mydata，aes （x，y）） +#mydata 为 x 和 y 的两列数据组成

geom_point （fill＝"green"，colour＝"green"，size＝5，shape＝21）#绘制二维散点

geom_smooth （method＝'loess'，span＝0. 4，se＝TURE，color＝"#00A5FF"，alpha＝0. 2）#使用 LOESS 方法平滑曲线，添加平滑曲线

例 3-3：使用 R 语言中自带的数据包（gcookbook 包）中的数据，依据不同性别的青少年身高和体重的统计数据，绘制散点图如下（图 3-13）：

library （gcookbook）

library （ggplot2）

head （heightweight）

ggplot （heightweight，aes （x＝ageYear，y＝heightIn，color＝sex）） +#散点图函数

geom_point（）

如果需要映射除横纵轴以外的连续性变量，可以映射到散点图的色深和点大小上（图 3-14），利用代码如下：

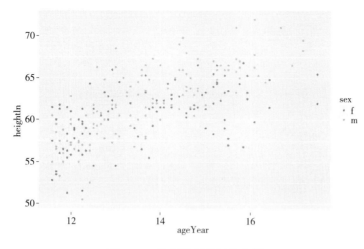

图 3-13　依据案例绘制散点图

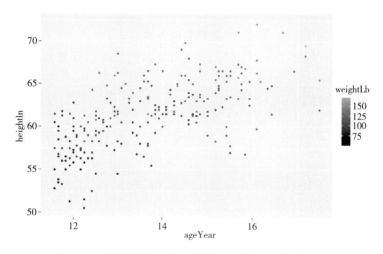

图 3-14　依据案例绘制改变色深和点大小后的散点图

ggplot（heightweight，aes（x＝ageYear，y＝heightIn，color＝weightLb））＋#散点图函数
geom_point（）

添加回归模型拟合线（此处绘制的是局部线性回归模型）（图 3-15），代码如下：

##添加回归模型拟合线

#基函数：sex 绑定离散变量

ggplot（heightweight，aes（x＝ageYear，y＝heightIn，color＝sex））＋#散点图

　geom_point（）＋#标尺函数：palette 设置配色方案

　scale_color_brewer（palette＝"Set1"）＋#拟合回归线段以及置信域（默认 0.95/通过
level 参数可自定义）

　geom_smooth（）

若想拟合经典线性回归模型，可往 geom_smooth（）函数中加入"method＝lm"，代码如下：

#线段为曲线是因为参与拟合模型为局部线性回归模型。往 geom_smooth（）函数中加入"
method＝lm" 即可拟合经典线性回归（图 3-16）。结果如下：

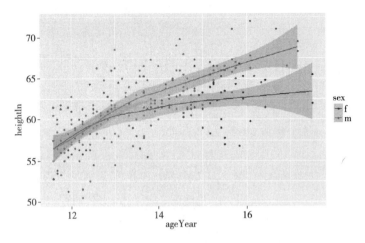

图 3-15　依据案例绘制回归模型拟合线和散点图

ggplot（heightweight，aes（x = ageYear，y = heightIn，color = sex））+#散点图

　　geom_point（）+#标尺函数：palette 设置配色方案

　　scale_color_brewer（palette = "Set1"）+#拟合回归线段以及置信域（默认 0.95/通过 level 参数可自定义）

　　geom_smooth（method = lm）

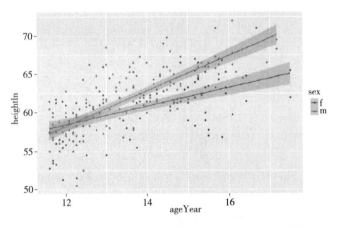

图 3-16　依据案例绘制经典线性回归拟合线和散点图

　　拟合的数值和实际数值就是残差（residual）。残差分析（residual analysis）就是通过残差分析所提供的信息，分析出数据的可靠性、周期性和其他干扰，是用于分析模型的假定正确与否的方法。残差分析是指观测值与预测值之间的差，即实际观察值与回归估计值的差。下面提供残差分析图的绘制方法：

　　R 的核心运行代码如下：

Library（ggplot2）

Mydata<-read. csv（"Residual_analysis_Data. csv"，stringsAsFactors = FALSE）

Fit<-lm（y2 ~ x, data = mydata）#线性拟合，mydata 的 x 和 2y 的两列数据

Mydata$predicted<-predict（fit）#保留预测值

Mydata$residual<-residual（fit）#保留残差（有正有负）

#mydata 包含 y2、predicted、residual、Abs_Residual 共 5 列数值

ggplot2（mydata，aes（x=x，y=y2））+

geom_point（aes（fill=Abs_Residual，size=Abs_Residual），shape=21，color="black"）+

geom_smooth（method="lm"，se=FALSE，color="lightgrey"）+

geom_point（aes（y=predicted），shape=1）+

geom_segment（aes（xend=x，yend=predicted），alpha=.2）+

scale_fill_continuous（low="black"，high="red"）+

guides（fill=guide_legend（（title="Residual"）），size=guide_legend（（title="Residual"）））

3.4　直方图

直方图（histogram），又称为质量分布图，是一种统计报告图，由一系列高度不等的纵向条纹或线段组成，表示数据分布的情况。一般用横轴（x 轴）表示数据类型，纵轴（y 轴）表示分布（相应值的频数）情况。绘制直方图，首先要对数据进行分组，然后统计每个分组内数据元的数量。在平面直角坐标系中，横轴标出每个组的端点，纵轴表示频数，每个矩形的高代表对应的频数，这样的统计图为频数分布直方图。一般要了解以下几个名词的概念。

组数：统计数据时，把数据按照不同的范围分成几个组，分成组的个数称为组数；

组距：每一组两个端点的差；

频数：分组内的数据元的数量除以组距。

统计直方图的主要作用是显示各组频数或者数量分布情况和显示各组间频数或数量的差异。通过统计直方图还可以观察和估计那些比较集中、异常或者孤立的数据分布在何处（图 3-17）。

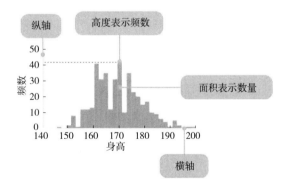

图 3-17　绘制直方图

R 的核心运行代码如下：

Library（ggplot2）

Df<-read. csv（"hist_Density_Data. csv"，stringsAsFactors=FALSE）#统计直方图

例 3-4：随机利用 R 准备处理数据，利用准备的性别与体重的统计数据制图（图 3-18），R 的运行代码如下：

library（ggplot2）

df<-data. frame（sex=factor（rep（c（'F'，'M'），each=200）），weight=round（c（rnorm（200，mean=55，sd=5），rnorm（200，mean=65，sd=5）））)

head（df）#得到数据

	sex	weight		sex	weight
1	F	62	4	F	51
2	F	60	5	F	53
3	F	50	6	F	49

ggplot（df, aes（x=weight））+geom_histogram（binwidth=1，color="black"，fill="white"）

#统计直方图

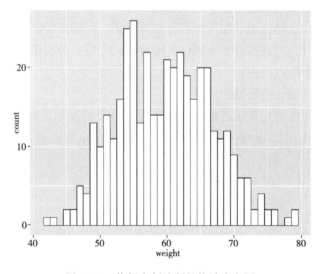

图 3-18　依据案例绘制的统计直方图

ggplot（df, aes（x=weight））+geom_histogram（binwidth=1，color="black"，fill="lightblue"，linetype="dashed"）+ #设置框线类型，颜色和 fill 的颜色

geom_vline（aes（xintercept=mean（weight）），color="blue"，linetype="dashed"，size=1）#添加均值线，设置线形、颜色等（图 3-19）

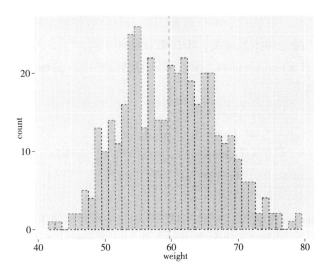

图 3-19　依据案例绘制更改框线类型、颜色后的统计直方图

ggplot（df, aes（x＝weight））+geom_histogram（aes（y＝after_stat（density）），colour＝"black"，fill＝"white"）+ #需要密度形式

geom_density（alpha＝.2，fill＝"#FF6666"）（图 3-20）

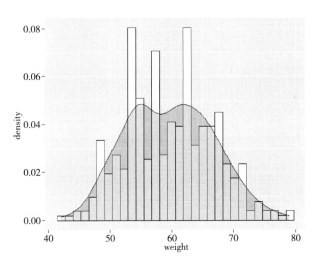

图 3-20　依据案例绘制密度形式统计直方图

3.5　箱形图

箱形图（box-plot）又称为盒须图、盒式图或箱线图，是一种用于显示一组数据分散情况资料的统计图，因形状如箱子而得名。在各种领域经常被使用，常见于品质管理。它主要用于反映原始数据分布的特征，还可以进行多组数据分布特征的比较。箱形图的绘制方法：

先找出一组数据的上边缘、下边缘、中位数和两个四分位数；然后连接两个四分位数画出箱体；再将上边缘和下边缘与箱体相连接，中位数在箱体中间。

R 中的 ggplot2 包的 geom_boxplot（）函数可以绘制箱形图，geom_jitter（）函数可以绘制抖动散点图。具体代码如下：

```
ggplot （mydata, aes （Class, Value）） +
geom_boxplot （ase （fill = Class）, notch = FALSE） +
geom_jitter （binaxi = "y", position = position_jitter （0.3）, stackdir = "center", dotize = 0.4） +
scale_fill_manual （values = c （brewer, pal （7, "set2"） ［c （1, 2, 4, 5）］）） +
theme_light（）
```

例 3-5：使用 ToothGrowth 为 R 内置数据集。它包含一项评估维生素 C 对豚鼠牙齿生长的影响的研究数据。实验在 60 只豚鼠上进行，其中每只豚鼠通过两种递送方法［橙汁（OJ）或维生素 C］分别接受三种剂量水平的维生素 C 量（0.5 mg/天、1 mg/天和 2 mg/天）。实验者测量了牙齿生长的长度。具体运行代码如下：

```
library （datasets）
library （ggplot2）
data （ToothGrowth）
#导入数据如下
```

	len	supp	dose
1	4.2	VC	0.5
2	11.5	VC	0.5
3	7.3	VC	0.5
4	5.8	VC	0.5
5	6.4	VC	0.5
6	10.0	VC	0.5

```
ToothGrowth$dose = as.factor （ToothGrowth$dose）
head （ToothGrowth）
#将 dose 变量转变为因子变量
p = ggplot （ToothGrowth, aes （x = dose, y = len）） +geom_boxplot（）
p
#基本箱形图（图 3-21）
p+coord_flip（）
#旋转坐标轴（图 3-22）
```

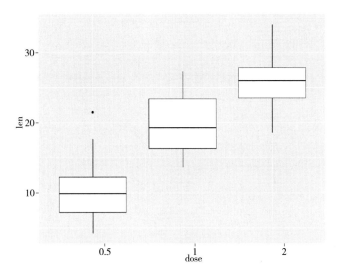

图 3-21　依据案例绘制箱形图

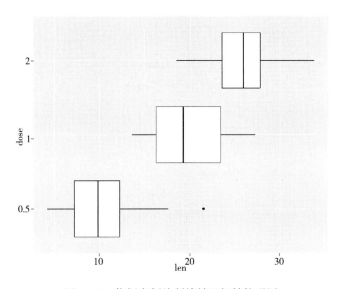

图 3-22　依据案例绘制旋转坐标轴箱形图

ggplot（ToothGrowth，aes（x＝dose，y＝len））＋
　geom_boxplot（notch＝TRUE）#绘制有缺口的箱形图（图 3-23）
可以使用函数 geom_dotplot（）或 geom_jitter（）将点添加到箱形图中（图 3-24）：
p+geom_dotplot（binaxis＝'y'，stackdir＝'center'，dotsize＝0.5）
p+geom_jitter（shape＝16，position＝position_jitter（0.2））# 0.2：x 方向的抖动程度
（图 3-25）

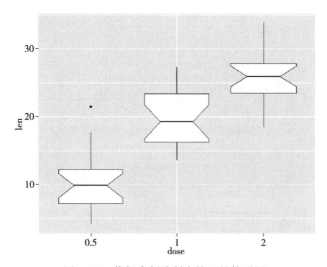

图 3-23　依据案例绘制有缺口的箱形图

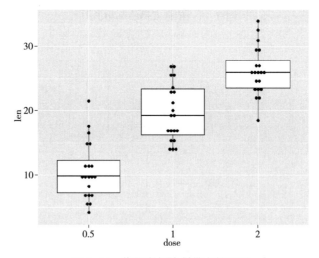

图 3-24　依据案例绘制带点箱形图

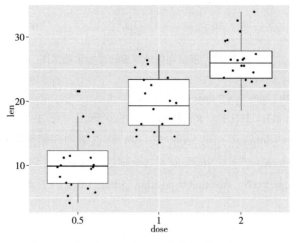

图 3-25　依据案例绘制 x 方向的抖动程度箱形图

3.6　饼图

饼状图，又称为饼图，是用圆形及圆内扇形的角度来表示数值大小的图形。它主要用于展示一个类别变量（单层结构）中各类别的频数所占总频数的百分比，对研究单层结构问题十分有用，可以描述量、频率、占比的相对关系。R 语言中，可以用 graphics 包的 pie（）函数、ggplot2 包的 geom_bar（）配合 coord_polar（）函数绘制，3D 的饼状图，可以使用 plotrix 包的 pie3D（）函数。

R 语言中制作饼图的基本用法为：pie（x，labels = names（x），edges = 200，radius = 0.8，clockwise = FALSE，initangle = if（clockwise）90 else 0，density = NULL，angle = 45，col = NULL，border = NULL，lty = NULL，main = NULL，…）。

其中，x 为向量，其元素为非负的数值型数据，这些数据反映在饼图的对应面积上；

labels 是表达式或者字符串，用以给数据添加标签；

edges 用来控制饼图外圈的圆润程度，饼图是由多边形拟合而成的，edges 数值越大，饼图的外圈看上去就越圆；

radius 用来控制饼图的半径，如果给数据添加的标签很长，缩小饼图半径就能将字符完整地显示出来；

clockwise 用来控制排列顺序，即顺时针或逆时针方向排列；

density 用来控制阴影线的密度；

angle 用来控制阴影线的斜率；

col 是一个向量，用来填充被分割饼图的每一区域的颜色；

main 用来控制图的标题。

例 3-6：探究食品营养成分对肠道菌群的影响。表 3-6 是某啮齿动物肠道微生物组的微生物分类组成。

表 3-6　某啮齿动物肠道微生物组的微生物分类组成

主要菌群	占比/%	主要菌群	占比/%
厚壁菌门（Firmicutes）	31.7	梭杆菌门（Fusobacteria）	15.3
拟杆菌门（Bacteroidetes）	26.8	放线菌门（Actinobacteria）	3.5
变形菌门（Proteobacteria）	19.8	其他（Others）	2.9

R 运行代码如下：

```
library（graphics）
library（pieGlyph）
x<-c（31.7，26.8，19.8，15.3，3.5，2.9）
cdjq<-c（"Firmicutes"，"Bacteroidetes"，"Proteobacteria"，"Fusobacteria"，"Actinobacteria"，"Others"）
```

piepercent<- paste（round（100＊x/sum（x），2），"%"）

pie（x，labels=cdjq，main="肠道微生物–饼状图"，col=rainbow（length（x）））

legend（"topright"，c（"Firmicutes"，"Bacteroidetes"，"Proteobacteria"，"Fusobacteria"，"Actinobacteria"，"Others"），cex=0.8，

fill=rainbow（length（x））

得到饼图如下（图3-26）：

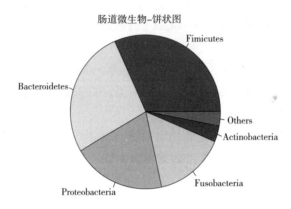

图 3-26　依据案例绘制饼状图

3.7　核密度图

核密度图（kernel density plot）是用于核密度估计的一种图形。它使用一定的核函数和带宽，为数据的分布提供了一种平滑曲线，从中可以看出数据分布的大致形状。实际上，直方图也是对数据分布密度的估计，只不过是一种粗略的估计，而核密度估计则给出较为精确的估计，因此，核密度图可以替代直方图来观察数据的分布。

R 软件中有多个函数可以绘制核密度曲线，最简单的是 plot 函数。绘制核密度图时先要使用 density 函数计算出数据的密度估计值（默认核函数为 gaussian），然后用 plot 函数画出估计曲线。计算核密度时设置不同的带宽（bandwidth，bw）会对核密度曲线产生不同的影响。bw 的值越大，曲线越平滑。

首先，先利用上文直方图所应用的表 3-5 的小鼠末周平均体重的数据来举个例子。

所用到的代码如下：

library（datasets）

x<-c（26.03，35.12，28.65）

plot（density（x），col='red'，lwd=2，xlab='Readlength'，vlab='ReadRatio'，main='density plot'）

如图 3-27 所示：

核密度图可以用于比较两组之间的差异，使用 sm 包中的 sm. density. compare（）即可实

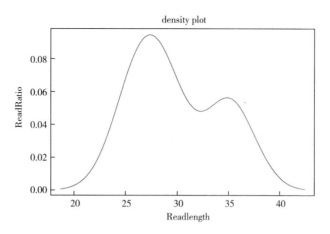

图 3-27 依据案例绘制核密度图

现。用法如下：sm. density. compare（x，factor，...），其中 factor 是一个分组变量，且须定义为因子。我们用 R 语言中自带的数据 ChickWeight 来举例。画出不同的饮食下（Diet）体重（weight）的核密度图，以比较其之间的差别。代码如下：

library（datasets）

library（sm）

data（ChickWeight）

install. packages（"sm"）

sm. density. compare（ChickWeight$weight，ChickWeight$Diet，xlab="Diet"，ylab="weight"）

画出的图形如图 3-28 所示：

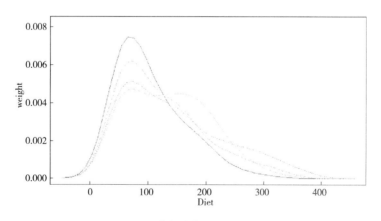

图 3-28 依据案例绘制核密度图

3.8 练习题

（1）表 3-7 为不同苹果汁经过处理之后的 pH 值，请利用 ggplot2 包绘制条形图。

表 3-7　不同苹果汁经过处理之后的 pH 值

序号	1	2	3	4	5
pH	4.5	3.2	4.5	4.0	3.6

（2）某食品工厂各季度生产黄桃罐头的产量如表 3-8 所示。利用 ggplot2 包绘制饼图。

表 3-8　各季度生产黄桃罐头的产量

季度	产量/万吨	季度	产量/万吨
1	300	3	400
2	360	4	470

（3）从某新食品产品进行感官测定，随机 50 个品鉴人打分如表 3-9 所示，对其进行数据处理后绘制直方图。

表 3-9　新食品产品感官测定打分表

76	76	77	78	80	82	53	93	84	88
67	58	90	70	80	93	96	85	94	77
76	78	57	57	58	87	68	58	88	90
59	60	61	61	61	62	62	63	63	95
65	66	68	68	70	73	79	75	72	83

3.9　参考文献

［1］Robert I. Kabacoff. R 语言实战［M］. 高涛，肖楠，陈钢，译. 北京：人民邮电出版社，2013.

［2］贾俊平，何晓群，金勇进. 统计学［M］. 4 版. 北京：中国人民大学出版社，2009.

［3］汤银才. R 语言与统计分析［M］. 北京：高等教育出版社出版，2008.

［4］张杰. R 语言数据可视化之美：专业图表绘制指南（增强版）［M］. 北京：电子工业出版社，2019.

第4章　参数的假设检验与非参数的假设检验

4.1　假设检验问题简介

先对总体的某个未知参数或总体的分布形式做某种假设，然后由抽取的样本提供的信息，构造合适的统计量，对所提供的假设进行检验，以做出统计判断是接受假设还是拒绝假设，这类统计推断问题称为假设检验问题，前者称为参数假设检验，后者称为非参数假设检验。

4.2　t-test

假设检验又称为显著性检验（test of significance），依其涉及的统计量不同，有 u 检验、t 检验、F 检验和 χ^2 检验等。鉴于 Excel 软件在中国的普及性，本文 t-test 测试分析基于 Excel 软件 2021 版本执行。

4.2.1　两尾检验与一尾检验

两尾检验的目的在于判断 μ 与 μ_0（μ 为样本所在总体均值，μ_0 为一已知总体均值）有无差异，而不考虑 μ 与 μ_0 谁大谁小。在检验中运用的显著水平 α 也被平均分配在两尾，分别占 $\alpha/2$。虽然两尾检验在各种实验中被广泛应用，但一些情况并不适宜。例如，国标 GB/T 10781.1 规定，低度酒固形物含量不高于 0.70g/L（μ_0）。在抽检样品中，平均数 $\mu \leqslant \mu_0$ 时，无论小多少，均应判定合格，反之为不合格。因此，我们更关心 μ 是否大于 μ_0，即为一尾。

4.2.2　t-test 实例

4.2.2.1　t-test 单样本两尾检验

例 4-1：用山楂加工果冻，传统工艺平均每 100 g 山楂可加工果冻 500 g。现采用新工艺加工，测定 16 次，每 100 g 山楂平均加工 520 g 果冻，标准差 12 g，问老、新工艺有无差异。

本例中总体方差未知，又是小样本，采用 t-test。

均数标准误：

$$S_x = \frac{标准误 S}{\sqrt{测定次数}} = \frac{12}{\sqrt{16}} = 3$$

统计量 t-value：

$$t = \frac{\mu - \mu_0}{S_x} = \frac{520 - 500}{3} = 6.667$$

判断：自由度 df = 15 和显著水平 α = 0.01 时，统计量 t-value 与临界 t-value（2.947）的大小，大于即为显著。说明新工艺可提高每 100g 山楂的果冻生产量（图 4-1）。

显著水平 α	0.01
测定次数 n	16
自由度 df	15
标准差 S	12
均数标准误 S_x	3
样本均值	520
标准	500
统计量 t-value	6.6666667
判断差异是否显著	TRUE

图 4-1　t-test 单样本两尾检验案例截图

注：在使用 Excel 模板例时，请注意修改相关参数。特别是判断差异是否显著时，在附表中引用正确的概率 P 值。

4.2.2.2　t-test 单样本一尾检验

例 4-2：某茶叶含水量不能超过 5.5%。现有一批茶，从中随机取样 8 个，测得含水量平均值为 5.6%，标准差为 0.3%。问该批茶含水量是否超标。

本例中，总体方差未知，且为小样本，符合 t-test 条件。凡是小于 5.5% 的含水量即达标，我们关心的是该样品是否超标，所以采用一尾检验。（图 4-2）

显著水平 α	0.05
测定次数 n	8
自由度 df	7
标准差 S	0.003
均数标准误 S_x	0.0010607
样本均值	0.056
标准	0.055
统计量 t-value	0.942809
判断差异是否显著	FALSE

图 4-2　t-test 单样本单尾检验案例截图

判断结果为 FALSE，即 P>0.05，说明该批茶叶的含水量符合标准。

注：在使用 Excel 模板例时，请注意修改相关参数。特别是判断差异是否显著时，在附表中引用正确的概率 P 值。

4.2.2.3　t-test 两样本两尾检验

例 4-3：肉制品罐头厂生产了一批罐头产品，虽然罐头外观无胖听现象，但产品存在质量问题。于是从该厂随机抽取样品 6 个，同时随机抽取 6 个正常罐头，测定它们的 SO_2 含量，结果如表 4-1 所示。分析两种罐头 SO_2 含量是否有差异。

表 4-1　正常罐头与异常罐头 SO_2 含量（μg/mL）记录

正常罐头	100.0	94.2	98.5	99.2	96.4	102.5
异常罐头	130.2	131.3	130.5	135.2	135.2	133.5

将数据按行输入 Excel 表格。

主要语法：

=T. TEST（array1，array2，tails，type）

T. TEST 函数语法具有下列参数：

Array1（必需）第一个数据集。

Array2（必需）第二个数据集。

tails（必需）指定分布尾数。如果 tails=1，则 T. TEST 使用一尾分布。如果 tails=2，则 T. TEST 使用双尾分布。

Type（必需）要执行的 t 检验的类型。如果 type=1，代表成对检验；type=2，代表双样本等方差假设；type=3，代表双样本异方差假设。如果 tails=1，在假设 array1 和 array2 是具有相同平均值的总体中的样本的情况下，T. TEST 返回较高 t 统计值的概率。tails=2 时，T. TEST 返回的值是 tails=1 时返回值的 2 倍，并对应假设"总体平均值相同"时较高的 t 统计绝对值的概率。一般成对样品为同一实验单元上进行处理前与处理后的对比，如香蕉在贮藏前和贮藏后的变化，这也称为自身配对。其余情况大多按照非配对样品分析。

在本例中，使用如下语法计算 t-test 的 P-value：

=T. TEST（B3:G3，B4:G4，2，2）

在正式进行 t-test 检验前，须先进行 F-test，判断处理 1 和处理 2 的方差有无明显差异，如图 4-3 所示。如果 F-value>0.05，不显著，说明这两个独立处理的总体方差一样，在 t-test 时用 type=2，代表双样本等方差假设（图 4-4）。如果 F-value<0.05，显著，说明这两个独立处理的总体方差不一样，则在 t-test 时用 type=3，代表双样本异方差假设。t-value<0.01，说明两种罐头的 SO_2 含量差异极显著，异常高于正常罐头，说明该批罐头已被硫化腐败菌感染变质。

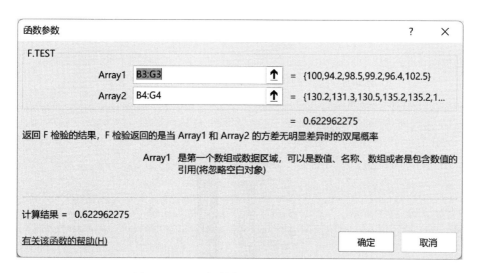

图 4-3　Excel 软件中 F-test 参数设定截图

注：Array1 为处理 1 所得数据；Array2 为处理 2 所得数据。均可点击向上箭头拖动选择相关数据。

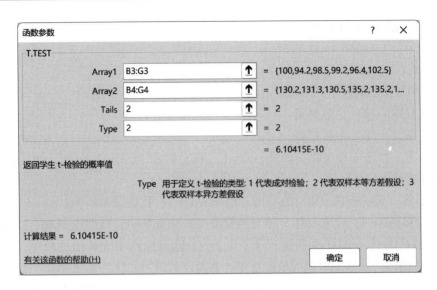

图 4-4　Excel 软件中 t-test 参数设定截图

注：Array1 为处理 1 所得数据；Array2 为处理 2 所得数据。均可点击向上箭头拖动选择相关数据。Tails 为一尾或两尾参数，Type 为 t-test 检验类型参数。

在此给大家介绍一下 P-value 的标记表示方法，如图 4-5～图 4-7 所示，也可依据计算结果绘制科研图表，在此不赘述 Excel 绘图过程。但笔者有一些绘图注意事项与大家分享。建议插入标记及横线时，在选中图片的情况下插入，这样插入的元素与图是一个整体，便于复制和粘贴到其他文档中。粘贴 Excel 绘制的图表时，可选择性粘贴为图元增强文件，这是一种矢量图片，具有更高的清晰度。

按行输入结果						平均值	标准差	F-test	t-test
平行1	平行2	平行3	平行4	平行5	平行6				
100	94.2	98.5	99.2	96.4	102.5	98.47	2.89	0.6229623	6.10415E-10
130.2	131.3	130.5	135.2	135.2	133.5	132.65	2.29		
							显著性标记：		★

图 4-5　Excel 软件中 t-test 按行数据布局与计算结果

注：实心和空心☆分别表示差异极显著（P<0.01）和显著（P<0.05）。

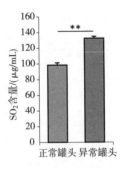

图 4-6　依据图 4-5 结果绘制的柱状图

注：**表示差异极显著，P<0.01。

图 4-7　Excel 软件中 t-test 参数设定截图

例 4-4：比较醇沉淀法和超滤法提取茶叶多糖的提取工艺，分别采用这两种方法提取多糖样品，测定其粗提物的多糖含量，结果如表 4-2 所示。将数据按列输入 Excel 表格。

表 4-2　醇沉淀法和超滤法粗提物中茶多糖含量/%

醇沉淀法	27.52	27.78	28.03	28.88	28.75	27.94
超滤法	29.32	28.15	28.00	28.58	29.00	

主要语法：

=T. TEST（B3:B12, C3:C12, 2, 2）

分析结果如图 4-8 和图 4-9 所示。F-test 结果为 0.94>0.05，不显著，说明这两个独立处理的总体方差一样，在 t-test 时用 type = 2，代表双样本等方差假设。t-test 的 P = 0.20>0.05，不显著，说明两种提取工艺制备的粗提物的多糖含量无显著性差异。

	按列输入结果		
含量	醇沉淀法	超滤法	
平行 1	27.52	29.32	
平行 2	27.78	28.15	
平行 3	28.03	28.00	
平行 4	28.88	28.58	
平行 5	28.75	29.00	
平行 6	27.94		
平均值	28.15	28.61	
标准差	0.55	0.56	显著性标记:
F-test	0.93685291		
t-test	0.200802808		

图 4-8　Excel 软件中 t-test 按列数据布局与计算结果

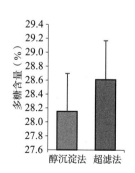

图 4-9　依据图 4-8 结果绘制的柱状图

例 4-5：为研究电渗处理对草莓果实中钙离子含量的影响，选用 10 个草莓品种进行电渗处理。测量的钙离子含量结果如表 4-3 所示。

表 4-3　电渗处理草莓果实钙离子含量（mg）

品种	1	2	3	4	5	6	7	8	9	10
电渗	22.23	23.42	23.25	21.38	24.45	22.42	24.37	21.75	19.82	22.56
对照	18.04	20.32	19.64	16.38	21.37	20.43	18.45	20.04	17.38	18.42

将数据按列输入 Excel 表格。

主要语法：

=T.TEST（B3：B12，C3：C12，2，1）

本例因每个品种实施了一对处理，所以试验资料为成对资料，这种配对为同源配对。即将非处理条件相近的两试验单元组成对子，然后分别对配对的两个实验单元施以不同的处理。配对实验进一步加强了配对处理间的变量控制（非条件完全一致），使处理间可比性增强，误差降低，精度提高。

分析结果如图 4-10 和图 4-11 所示，$P < 0.01$，极显著，说明电渗处理后草莓果实钙离子含量对对照的钙离子含量差异极显著，电渗处理对提高草莓果实钙离子含量有极显著效果。

含量	按列输入结果		
	电渗	对照	
平行 1	22.23	18.04	
平行 2	23.42	20.32	
平行 3	23.25	19.64	
平行 4	21.38	16.38	
平行 5	24.45	21.37	
平行 6	22.42	20.43	
平行 7	24.37	18.45	
平行 8	21.75	20.04	
平行 9	19.82	17.38	
平行 10	22.56	18.42	
平均值	22.57	19.05	
标准差	1.40	1.56	显著性标记：
t-test	1.55759E-05		☆

图 4-10　Excel 软件中 t-test 按列数据布局与计算结果

注：实心和空心★分别表示差异极显著（$P < 0.01$）和显著（$P < 0.05$）。

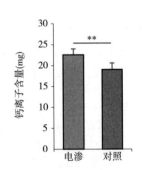

图 4-11　依据图 4-10 结果绘制的柱状图

注：** 表示差异极显著，$P < 0.01$。

4.2.2.4　t-test 检验的潜在问题

当处理超过 2 种，如需分析 5 种不同极性溶剂提取茶叶多酚效率的差异，就需要进行 10 次 t-test。倘若处理 k 次，则需 k（k-1）/2 次。可见，适宜于两两对比的 t-test 并不适合分析处理数较多的实验数据。

t-test 检验无统一的试验误差，且对试验误差估计的精确性降低。假设有 k 个处理，每个有 n 个平行结果，当进行两两比较时，每比较一次就需要估计一个均数差异标准差。各次比较的试验误差不一致，且只能由 2（n-1）个自由度估计均数差异标准差，而不能由 k（n-1）个自由度来评估。

t-test 检验增大了犯 I 型错误的概率，即原假设是正确的，却拒绝了原假设。主要是因为对导致变异的各种因素所起作用的大小量的估计不精准，还因为没有考虑相互比较的多个处理均数依其大小依次排列的秩次距问题。

4.3　方差分析

方差分析（analysis of variance）又称变量分析。作为一种统计假设检验方法，方差分析与 t 检验相比，应用更加广泛，对问题分析的深度更强，因而它是试验研究中分析实验数据的重要方法。方差分析适合检验多个样本（n>2）差异是否显著，此时 t 检验方法不再适用。方差分析能将引起变异的多种因素的各自作用逐一剖析出来，做出量的估计，进而辨明哪些因素是起主要作用的，哪些因素是起次要作用的。它能充分利用资料提供的信息将实验中由于偶然因素造成的随机误差无偏地估计出来，从而提高了对试验结果分析的精确性，为统计假设检验的可靠性提供了科学的理论依据。

基于 R 语言的 agricolae 包包含了实验设计的统计分析功能，它的开发初衷专门用于农业和植物育种的田间试验。该包可用于试验田设计，多试验田对比，处理间对比，基因实验分析，再采样和模拟方法，生态、地基土均匀性以及聚类分析。在本书中，我们主要基于食品科学相关研究，介绍处理间的比较：LSD、HSD、Student Newman Keuls（SNK）和 Duncan 多重比较；非参数检验：Kruskal、Friedman、Durbin、Van Der Waerden 和 Median。

4.3.1　LSD. test

LSD. test 描述

主要用于最小显著性差异（least significant difference，LSD）和调整 P 值的多重比较。通过 LSD 和一组处理方法的多重比较。默认的显著水平（alpha 级别）是 0.05，可返回使用几种方法调整过的 P 值。

LSD 法应用的几点说明：LSD 法实质上就是 t-test，但解决了两两对比 t-test 过程烦琐，无统一的实验误差且估计误差的精确性低的问题；但依然存在可能犯 I 型错误的问题。因此，F 检验可作为 LSD 法易犯第一类错误的一种"保护"，即 LSD 法只能用在 F 检验显著时。

（1）LSD. test 用法代码。

LSD. test（y，trt，DFerror，MSerror，alpha = 0.05，p. adj = c（"none"，"holm"，"hommel"，"hochberg"，"bonferroni"，"BH"，"BY"，"fdr"），group=TRUE，main=NULL，console=FALSE）

（2）LSD. test 参数。

y	实验单元的模型（aov 和 lm）或答案
trt	常数（仅当 y=model）或者对每个实验单元进行向量化处理
DFerror	实验误差的自由度
Mserror	实验的均方误差
alpha	测试的风险水平
p. adj	调整 P 值的算法
group	逻辑值：TRUE 或 FALSE
main	研究的题目
console	逻辑，打印输出

（3）LSD. test 细节说明。

对于相同或不同的重复；调整方法见函数 p. adjust。

p. adj = "none" 时，即为 t 检验。

首先有必要进行方差分析。如果 model = y，其中模型类为 aov 或 lm，则应用指令：LSD. test（model,"trt"，alpha = 0.05，p. adj = c（"none","holm","hommel","hochberg"，"bonferroni","BH","BY","fdr"），group=TRUE，main=NULL，console=FALSE）。

（4）LSD. test 参数值。

statistics	统计模型
parameters	设计参数
means	研究变量的统计总结
comparison	处理间的对比
groups	形成处理组

（5）LSD. test 实例。

例 4-6：胭脂萝卜花色苷主要成分为酰化天竺葵苷，在超声波环境中会降解为对羟基苯甲酸。当 2mg/mL 胭脂萝卜花色苷提取物在 136w、208w、286w 和 358w 下处理 120min 后，液质联用仪测定得知对羟基苯甲酸含量如表 4-4 所示。

表 4-4 超声波处理对胭脂萝卜花色苷溶液中对羟基苯甲酸含量的影响（μg/mL）

136w 超声波	0.485	0.362	0.404
208w 超声波	0.244	0.320	0.342
286w 超声波	0.694	0.720	0.679
358w 超声波	1.205	1.230	1.296

如表4-5所示，在R语言工作目录建立名为LSD.csv的数据文件。由于R语言对汉语的兼容性不佳，在此建议不要安装中文版本的R语言，避免使用过程中出现异常报错。此外，所有待输入R语言的数据也要避免使用中文，以免数据分析结果出现乱码。因此，在本案例建立LSD.csv数据文件时，去掉了表4-4中"超声波"等中文。

表4-5 基于agricolae包进行LSD. test分析的数据准备

136w	208w	286w	358w
0.485	0.244	0.694	1.205
0.362	0.320	0.720	1.230
0.404	0.342	0.679	1.296

运行脚本及注释（#…#）

library（agricolae）#加载agricolae包#

library（dplyr）#加载dplyr包，进行数据编辑#

a<-read. csv（"D:\\R\\LSD. csv"）#"D:\\R\\LSD. csv"为数据所在路径。将数据命名给a#

b<-nrow（a）#将数据a的行数赋值给b#

#在本例中为［1］3#

c<-ncol（a）#将数据a的列数赋值给c#

#在本例中为［1］4#

df<-rep（1:c, each=b）#构建数据df为1到数据a列数的数据a行数个重复的自然数#

#df在本例中为［1］1 1 1 2 2 2 3 3 3 4 4 4#

d<-as. data. frame（df）

#将向量df转化为数据框见图4-12#

```
        df
1       1
2       1
3       1
4       2
5       2
6       2
7       3
8       3
9       3
10      4
11      4
12      4
```

图4-12 向量df转化的数据框

g<-colnames（a）#将数据a的列名赋值给g，注意：R中一个数据不能有空格，数据中的空格会被识别为"."，但可以识别"_"。#

#g在本例中为［1］"X136. w" "X208. w" "X286. w" "X358. w" #

h<-rep（g，each=b）#将 g 中每个元素重复数据 a 的行数次#

#h 在本例中为 ［1］"X136. w" "X136. w" "X136. w" "X208. w" "X208. w" "X208. w" "X286. w" "X286. w" ［9］"X286. w" "X358. w" "X358. w" "X358. w" #

data<-as. matrix（a）#将数据框 a 转变为数据矩阵并赋值给 data#

dim（data）<-c（b＊c，1）#构建行数为数据 a 行数乘以列数，列数为 1 的数据#

e<-as. data. frame（data）#将 data 转变为数据框赋值给 e#

f<-bind_cols（h，e）#将 e 按列结合到 h 列的右侧，并赋值给 f，见图 4-13#

```
> f
      ...1    V1
1   X136.w 0.485
2   X136.w 0.362
3   X136.w 0.404
4   X208.w 0.244
5   X208.w 0.320
6   X208.w 0.342
7   X286.w 0.694
8   X286.w 0.720
9   X286.w 0.679
10  X358.w 1.205
11  X358.w 1.230
12  X358.w 1.296
```

图 4-13　e 的输出结果

names（f）<-c（'fenzu'，'jieguo'）#将'fenzu'和'jieguo'作为列名分别赋值给 f 的两列，见图 4-14#

```
> f
      fenzu jieguo
1    X136.w  0.485
2    X136.w  0.362
3    X136.w  0.404
4    X208.w  0.244
5    X208.w  0.320
6    X208.w  0.342
7    X286.w  0.694
8    X286.w  0.720
9    X286.w  0.679
10   X358.w  1.205
11   X358.w  1.230
12   X358.w  1.296
```

图 4-14　'fenzu'和'jieguo'输出结果

model<-aov（jieguo~fenzu，data=f）#以 f 为数据，构建模型#

out<-LSD. test（model，"fenzu"，group = TRUE，console = TRUE，main = "jieguo of a \nDealt with different fenzu"）#运行 LSD. test 检测，并将其赋值给 out，此步，可添加命令 alpha=0. 01 设定不同的显著性水平，默认 alpha=0. 05。见图 4-15，注意，标记结果以平均值从高到低，以字母 a-z 排序。#

```
Study: jieguo of a
Dealt with different fenzu

LSD t Test for jieguo

Mean Square Error:  0.002298417

fenzu,  means and individual ( 95 %) CI

          jieguo        std r       LCL        UCL   Min   Max
X136.w 0.4170000 0.06252200 3 0.3531716 0.4808284 0.362 0.485
X208.w 0.3020000 0.05141984 3 0.2381716 0.3658284 0.244 0.342
X286.w 0.6976667 0.02074448 3 0.6338383 0.7614950 0.679 0.720
X358.w 1.2436667 0.04701418 3 1.1798383 1.3074950 1.205 1.296

Alpha: 0.05 ; DF Error: 8
Critical Value of t: 2.306004

least Significant Difference: 0.09026696

Treatments with the same letter are not significantly different.

          jieguo groups
X358.w 1.2436667      a
X286.w 0.6976667      b
X136.w 0.4170000      c
X208.w 0.3020000      d
```

图 4-15　LSD. test 输出结果

plot（out）#输出图形结果，如图 4-16 所示，注意，标记结果以平均值从高到低，以字母 a-z 排序。#

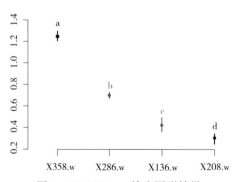

图 4-16　LSD. test 输出图形结果

out<-LSD. test（model，"fenzu"，group = FALSE）#在多数情况下，多组之间的方差分析结果用不同字母标注，当然，也可用星号标注，但此法多有不便。但星号通常能在不同显著性水平上进行标注，而字母标记通常在同一显著水平上进行标注#

print（out$comparison）#输出结果，第一列和第三列为两两配对的组。signifi 列为星号标注的结果，'.' 为无显著性差异，＊为显著差异 P<0.05，＊＊为极显著差异 P<0.01，＊＊＊为极显

著差异 P<0.001，**** 为极显著差异 P<0.0001。一般不使用 ***** 及更多星号（图 4-17）。#

	difference	pvalue	signif.	LCL	UCL
X136.w - X208.w	0.1150000	0.0188	*	0.02473304	0.2052670
X136.w - X286.w	-0.2806667	0.0001	***	-0.37093363	-0.1903997
X136.w - X358.w	-0.8266667	0.0000	***	-0.91693363	-0.7363997
X208.w - X286.w	-0.3956667	0.0000	***	-0.48593363	-0.3053997
X208.w - X358.w	-0.9416667	0.0000	***	-1.03193363	-0.8513997
X286.w - X358.w	-0.5460000	0.0000	***	-0.63626696	-0.4557330

图 4-17　LSD.test 显著性结果

　　虽然上述 LSD.test 分析已经结束，但数据处理尚未完成。如图 4-18（a）所示，我们利用平均值绘制柱状图，并利用标准差添加误差线。然后鼠标右键点击数据柱选中，再左键选择添加数据标签，将对应数据改成方差分析的标记结果，如图 4-18（b）所示。从分析结果而言，不同功率超声波处理样品的标记均不同，说明它们相互之间均有显著性差异。因此，数据结果表明，358w 和 286w 超声波处理比 136w 和 208w 超声波处理导致胭脂萝卜花色苷产生了显著更多的对羟基苯甲酸，说明显著更多的天竺葵苷发生了降解。当然，为了更便于读者阅读，我们在科研绘图时，也会在图题下对标注进行备注，以便于读者理解图意。

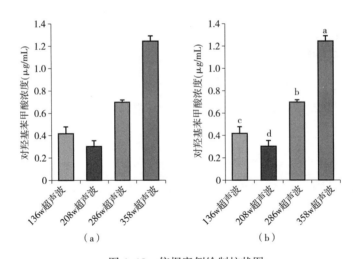

图 4-18　依据案例绘制柱状图

注：a~d 表示 LSD 方差分析结果，当数据标记不同字母时表示差异极显著，P<0.05。

4.3.2　HSD.test

HSD.test 描述

　　又称为 Tukey 多重对比方法。HSD 法与 LSD 法有类似优点，即所有两个平均数之间的差异都与一个固定尺度作比较，计算方便，容易判定。HSD 法检验尺度比 LSD 法的检验尺度增大了，对两极端平均数而言，降低了犯第 I 类错误的概率，而对两个接近平均数用 LSD 法检验有显著性差异，而用 HSD 法检验可能无显著性差异，对相邻的平均数犯第 Ⅱ 类错误的概率有所增加。因此，用 HSD 法检验时，无须 F 检验作为"保护"，可直接用 HSD 法进行多重比较。通常，用 HSD 法检验得到的显著性差异个数要比用 LSD 法得到的少。

（1）HSD. test 用法代码。

HSD. test （y，trt，DFerror，MSerror，alpha = 0. 05，group = TRUE，main = NULL，unbalanced = FALSE，console = FALSE）

（2）HSD. test 参数。

y	实验单元的模型（aov 和 lm）或答案
trt	常数（仅当 y = model）或者对每个实验单元进行向量化处理
DFerror	实验误差的自由度
MSerror	实验的均方误差
alpha	显著性水平
group	逻辑值：TRUE 或 FALSE
main	研究的题目
unbalanced	TRUE 或 FALSE。非相等的重复
console	逻辑，打印输出

（3）HSD. test 细节说明。

首先有必要进行方差分析。如果 model = y，其中模型类为 aov 或 lm，则应用指令：HSD. test （model，" trt "，alpha = 0. 05，group = TRUE，main = NULL，unbalanced = FALSE，console = FALSE）。

（4）HSD. test 参数值。

statistics	统计模型
parameters	设计参数
means	研究变量的统计总结
comparison	处理间的对比
groups	形成处理组

（5）HSD. test 实例（图 4-19）。

在 HSD 分析中，依然使用例 4-6 数据进行分析。

与 LSD 检验不同的脚本为：

out<-HSD. test （model，" fenzu "，group = TRUE，console = TRUE，main = " jieguo of a\ nDealt with different fenzu " ）

```
Study: jieguo of a
Dealt with different fenzu

HSD Test for jieguo

Mean Square Error:  0.002298417

fenzu,  means

          jieguo          std r   Min    Max
X136.w 0.4170000 0.06252200 3 0.362 0.485
X208.w 0.3020000 0.05141984 3 0.244 0.342
X286.w 0.6976667 0.02074448 3 0.679 0.720
X358.w 1.2436667 0.04701418 3 1.205 1.296

Alpha: 0.05 ; DF Error: 8
Critical Value of Studentized Range: 4.52881

Minimun Significant Difference: 0.1253539

Treatments with the same letter are not significantly different.

          jieguo groups
X358.w 1.2436667       a
X286.w 0.6976667       b
X136.w 0.4170000       c
X208.w 0.3020000       c
```

图 4-19 HSD. test 输出结果

plot（out）

用字母标注多重比较结果见图 4-20。

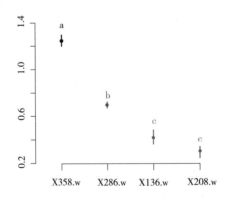

图 4-20 HSD. test 输出结果图

用星号标注多重比较结果（图 4-21）：

out<-HSD. test（model，"fenzu"，group＝FALSE）

print（out$comparison）

	difference	pvalue	signif.	LCL	UCL
X136.w - X208.w	0.1150000	0.0726	.	-0.01035389	0.2403539
X136.w - X286.w	-0.2806667	0.0004	***	-0.40602056	-0.1553128
X136.w - X358.w	-0.8266667	0.0000	***	-0.95202056	-0.7013128
X208.w - X286.w	-0.3956667	0.0000	***	-0.52102056	-0.2703128
X208.w - X358.w	-0.9416667	0.0000	***	-1.06702056	-0.8163128
X286.w - X358.w	-0.5460000	0.0000	***	-0.67135389	-0.4206461

图 4-21　HSD.test 显著性结果

由图 4-22，136 w 和 208 w 超声波处理样品的标记均是 c，说明二者无显著性差异。假如标记为 ac 和 bc，虽然标记 a 和 b 不同，但都有字母 c，依然表明二者无显著性差异。此外，286w 和 358w 超声波处理结果分别标注字母 b 和 a，与其余各组均没有相同字母标注，说明它们与其他组均有显著性差异。因此，数据结果表明，358w 和 286w 超声波处理比 136w 和 208w 超声波处理导致胭脂萝卜花色苷产生了显著更多的对羟基苯甲酸，说明显著更多的天竺葵苷降解。

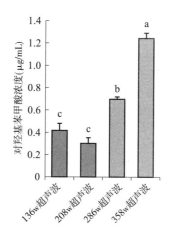

图 4-22　依据案例绘制柱状图

注：a～c 表示 HSD 方差分析结果，当数据标记不同字母时表示差异极显著，P<0.05。

与 LSD 分析结果相比，HSD 的显著性差异个数减少了，这与理论相一致。

4.3.3　duncan.test

duncan.test 描述

又称为新复极差多重对比方法。新复极差法是依平均数秩次距的不同而采用一系列不同的显著值作为检验尺度。它是以自由度为基础的一种极差检验。它可以在克服 LSD 法对两极端平均数检验尺度太短及 HSD 法对相邻平均数检验尺度太长的缺点，比 LSD 法犯第 I 类错误的概率小，比 HSD 法犯第 II 类错误的概率亦小。使用新复极差法时并不强制要求 F 检验显著后进行。但如果 F 检验不显著时，也会出现新复极差法检验显著的情况。因此，最好在 F 检验显著之后，再行新复极差法。与 HSD 法一样，新复极差法测定的显著性差异个数少于 LSD 法。此外，新复极差法还可进行统计排队。

这个检测方法改编自纽曼—克尔斯方法。邓肯测试在指定的 alpha 水平上不控制误差率判断值。它比其他 post-test 更强大，但这只是因为它没有适当地控制错误率。实验错误率为：1－（1-alpha)^(n-1)；其中 "n" 是平均值的个数，是每个对比的错误率。新复极差法程序只比 LSD 保守一点点。默认的 alpha 级别是 0.05。

（1）duncan. test 用法代码。

duncan. test（y，trt，DFerror，MSerror，alpha＝0.05，group＝TRUE，main＝NULL，console＝FALSE）

（2）duncan. test 参数。

y	实验单元的模型（aov 和 lm）或答案
trt	常数（仅当 y＝model）或者对每个实验单元进行向量化处理
DFerror	实验误差的自由度
MSerror	实验的均方误差
alpha	显著性水平
group	逻辑值：TRUE 或 FALSE
main	研究的题目
console	逻辑，打印输出

（3）duncan. test 细节说明。

首先有必要进行方差分析。如果 model＝y，其中模型类为 aov 或 lm，则应用指令：HSD. test（model,"trt"，alpha＝0.05，group＝TRUE，main＝NULL，console＝FALSE）。

（4）duncan. test 参数值。

statistics	统计模型
parameters	设计参数
means	研究变量的统计总结
comparison	处理间的对比
groups	形成处理组

（5）duncan. test 实例。

在 duncan. test 分析中，我们依然使用例 4-6 数据进行分析。

与 LSD 检验不同的脚本为：

out<-duncan. test（model,"fenzu"，group＝TRUE，console＝TRUE，main＝"jieguo of a\nDealt with different fenzu"）

对比前述分析结果表明，新复极差法分析结果与 HSD 法一致（图 4-23）。

```
Study: jieguo of a
Dealt with different fenzu

Duncan's new multiple range test
for jieguo

Mean Square Error:  0.002298417

fenzu,  means

            jieguo        std r  Min   Max
X136.w 0.4170000 0.06252200 3 0.362 0.485
X208.w 0.3020000 0.05141984 3 0.244 0.342
X286.w 0.6976667 0.02074448 3 0.679 0.720
X358.w 1.2436667 0.04701418 3 1.205 1.296

Alpha: 0.05 ; DF Error: 8

Critical Range
           2            3            4
0.09026696 0.09406670 0.09619055

Means with the same letter are not significantly different.

            jieguo groups
X358.w 1.2436667     a
X286.w 0.6976667     b
X136.w 0.4170000     c
X208.w 0.3020000     d
```

图 4-23　duncan. test 输出结果

4.3.4　SNK. test

SNK. test 描述

Student-Newman-Keuls 方法（SNK）是著名的多阶段检验方法，通过牺牲同步估计功能，获得更大功效的同步检验。SNK 源于 Tukey，但它不那么保守，会发现更多的差异。Tukey 控制了所有比较的误差，而 SNK 只控制考虑中的对比。默认的 alpha 级别是 0.05。

（1）duncan. test 用法代码。

SNK. test（y，trt，DFerror，MSerror，alpha＝0.05，group＝TRUE，main＝NULL，console＝FALSE）

（2）duncan. test 参数。

y	实验单元的模型（aov 和 lm）或答案
trt	常数（仅当 y＝model）或者对每个实验单元进行向量化处理
DFerror	实验误差的自由度
MSerror	实验的均方误差

alpha	显著性水平
group	逻辑值：TRUE 或 FALSE
main	研究的题目
console	逻辑，打印输出

（3）SNK. test 细节说明。

首先有必要进行方差分析。如果 model = y，其中模型类为 aov 或 lm，则应用指令：SNK. test（model,"trt"，alpha = 0.05，group = TRUE，main = NULL，console = FALSE）。

（4）SNK. test 参数值。

statistics	统计模型
parameters	设计参数
snk	临界范围表
means	研究变量的统计总结
comparison	处理间的对比
groups	形成处理组

（5）SNK. test 实例。

在 SNK. test 分析中，我们依然使用例 4-6 数据进行分析（图 4-24）。

与 LSD 检验不同的脚本为：

out<-SNK. test（model, "fenzu", console = TRUE, main = "jieguo of a. Dealt with different fenzu"）

#与前文代码不同的是，group = TRUE，在使用说明中是默认的，可以不写入。亦可以用 '.' 代替 'a\' 运用在 main = "…" 中#

```
Study: jieguo of a. Dealt with different fenzu

Student Newman Keuls Test
for jieguo

Mean Square Error:  0.002298417

fenzu,  means

          jieguo        std r   Min   Max
X136.w 0.4170000 0.06252200 3 0.362 0.485
X208.w 0.3020000 0.05141984 3 0.244 0.342
X286.w 0.6976667 0.02074448 3 0.679 0.720
X358.w 1.2436667 0.04701418 3 1.205 1.296

Alpha: 0.05 ; DF Error: 8
```

```
Critical Range
          2          3          4
0.09026696 0.11185271 0.12535389

Means with the same letter are not significantly different.

         jieguo groups
X358.w 1.2436667    a
X286.w 0.6976667    b
X136.w 0.4170000    c
X208.w 0.3020000    d
```

图 4-24　SNK. test 输出结果

对比前述分析结果表明，SNK 法分析结果与 HSD 法一致。

当然，与前文几种分析方法一样，我们可以通过运行 plot（out）代码输出图形。在此，我们介绍一种新的标记输入代码。当然，我们依然可以使用之前的代码输出星号标记（图 4-25）。

print（SNK. test（model，"fenzu"，group=FALSE)）

```
$statistics
      MSerror Df      Mean       CV
 0.002298417  8 0.6650833 7.208391

$parameters
  test name.t ntr alpha
   SNK  fenzu   4  0.05

$snk
     Table CriticalRange
2 3.261182    0.09026696
3 4.041036    0.11185271
4 4.528810    0.12535389

$means
         jieguo       std r   Min   Max    Q25   Q50    Q75
X136.w 0.4170000 0.06252200 3 0.362 0.485 0.3830 0.404 0.4445
X208.w 0.3020000 0.05141984 3 0.244 0.342 0.2820 0.320 0.3310
X286.w 0.6976667 0.02074448 3 0.679 0.720 0.6865 0.694 0.7070
X358.w 1.2436667 0.04701418 3 1.205 1.296 1.2175 1.230 1.2630

$comparison
                difference pvalue signif.        LCL        UCL
X136.w - X208.w  0.1150000 0.0188       *  0.02473304  0.2052670
X136.w - X286.w -0.2806667 0.0001     *** -0.37093363 -0.1903997
X136.w - X358.w -0.8266667 0.0000     *** -0.93851938 -0.7148140
X208.w - X286.w -0.3956667 0.0000     *** -0.50751938 -0.2838140
X208.w - X358.w -0.9416667 0.0000     *** -1.06702056 -0.8163128
X286.w - X358.w -0.5460000 0.0000     *** -0.63626696 -0.4557330

$groups
NULL

attr(,"class")
[1] "group"
```

图 4-25　SNK. test 显著性结果

4.4 非参数假设检验简介

在很多实际问题中，我们往往不知道客观现象的总体分布或无从对总体分布做出某种假定，尤其是对品质变量和不能直接进行定量测定的一些社会及行为科学方面的问题，如食品感官评定的统计，参数统计就受到很大的限制，而需要用非参数统计（nonparametric statistics）方法来解决。

所谓非参数统计，就是对总体分布的具体形式不必作任何限制性假定和不以总体参数具体数值估计或检验为目的的推断统计，它最大的特点是对资料分布无特征要求。不论样本所来自的总体分布形式如何，甚至是未知；不能或未加精确测量的资料，如等级资料，只能以严重程度、优劣等级、次序先后等表示的资料，有些分组数据一端或两端是不确定的资料，如"0.5mg 以下""5.0mg 以上"等，均可用非参数检验。

那么，为什么大多数研究都不使用非参数检验？如果都是用非参数检验，就不必为数据是否呈现正态性分布而烦恼。这是因为，当数据呈正态分布时，参数检验通常比非参数检验更有说服力。

4.4.1 中位数的符号检验

我们知道，在总体为正态分布时，要检验其均值是否为 μ，用 t-test。它的检验统计量在 0 假设成立时服从自由度为 $n-1$ 的 t 分布。但是 t-test 并不稳健，在不知道总体分布时，特别是在小样本场合（$n<30$），运用 t-test 就可能有风险，这时就要考虑使用非参数方法对分布的中心进行检验，如中位数的符号检验。

在 R 中没有直接的函数来做符号检验，需要编写函数来做检验。借助函数 binom.test 定义 sign.test 函数用于中位数的符号检验。

binom.test 描述

对二项检验实验成功概率的简单零假设进行精确的检验。

（1）binom.test 用法代码。

binom.test（x，n，p=0.5，alternative=c（"two.sided"，"less"，"greater"），conf.level=0.95）

（2）binom.test 参数。

x	成功的数量，或者长度为 2 的向量，分别表示成功和失败的数量
n	实验次数，如果 x 的长度为 2 则忽略
p	成功的假设概率
alternative	表示备选假设，必须是其中之一："two.sided""greater"或"less"。您可以只指定首字母
conf.level	返回的置信区间的置信水平

（3）binom. test 细节说明。

置信区间是由克洛珀（Clopper）和皮尔逊（Pearson，1934）首先给出的程序得到的。这保证了置信水平至少为 conf. level，但通常不会给出最短的置信区间。

（4）binom. test 参数值。

一个包含类"htest"的列表，包含以下组件：

statistic	成功的次数
parameter	试验的次数
p. value	测试的 P 值
conf. int	成功概率的置信区间
estimate	估计成功的概率
null. value	零下的成功概率，P
alternative	描述备选假设的字符串
method	字符串" Exact binomial test"
data. name	提供数据名称的字符串

（5）sign. test 定义。

```
sign. test<-function（x，m0，alpha=0. 05，alter='two. sided'）{
p<-list（ ）
n<-length（x）
sign<-as. numeric（x>=m0）
s<- sum（sign）
result<-binom. test（s，n，p=0. 5，alternative=alter，conf. level=alpha）
p$p. value=result$p. value
p
}
```

注：alter 的取值与 binom. test 函数中 alternative 参数一致，为"two. sided""greater"或"less"。two. sided 表示双边检验，less 和 greater 分别表示下侧检验和上侧检验。

（6）sign. test 实例。

例 4-7：现测得今年绿茶中表没食子儿茶素没食子酸酯（EGCG）的干基含量为 281、290、298、301、342、346、351、356、362、372、379、389、394、406、412、426μg/mg（升幂排列，虚构数据）。已知上一年采样的中位数为 312μg/mg。问今年产绿茶的 EGCG 干基含量与去年相比是否有所差异。

将数据按照附件 sign. csv 中格式输入

运行代码：

```
sign. test<-function（x，m0，alpha=0. 05，alter='two. sided'）{
```

```
p<-list（ ）
n<-length （x）
sign<-as. numeric （x>=m0）
s<-sum （sign）
result<-binom. test （s, n, p=0.5, alternative=alter,
                          conf. level=alpha）
p$p. value=result$p. value
p
}
```

#上述为 sign. test 函数的定义#

```
a<-read. csv （"D:\\R\\sign. csv"）
```

#输入数据#

```
b<-a$data
```

#将数据 a 的 data 列赋值给向量 b #

```
sign. test （b, 312）
```

#输出结果见图 4-26#

```
$p.value
[1] 0.07681274
```

图 4-26   sign. test 输出结果

结果 $P > 0.05$，故不显著，说明今年绿茶中 EGCG 干基含量与去年并无差异。

4.4.2   Wilcoxon 符号秩检验

符号检验利用了观察值和原假设的中心位置之差的符号来进行检验，但是它并没有利用这些差的大小（体现于差的绝对值的大小）所包含的信息。不同的符号代表了在中心位置的哪一边，而差的绝对值的秩的大小代表了距离中心的远近。Wilcoxon 符号秩检验把这两者结合起来，所以要比仅利用符号的符号检验更有效。

wilcox. test 描述

对数据向量进行单样本和两样本的 Wilcoxon 检验；后者也被称为曼—惠特尼（Mann-Whitney）测试。

（1）wilcox. test 用法代码。

```
wilcox. test （x, ...）
```

Default S3 method：

```
wilcox. test （x, y = NULL, alternative = c （"two. sided","less","greater"）, mu = 0,
paired=FALSE, exact=NULL, correct=TRUE, conf. int=FALSE, conf. level=0.95, tol. root =
1e-4, digits. rank=Inf, ...）
```

S3 method for class 'formula'

```
wilcox. test （formula, data, subset, na. action, ...）
```

（2）wilcox. test 参数。

x	数据值的数值向量。非有限值（如无限或缺失）将被省略
y	一个可选的数据值的数值向量；与 x 一样，非有限值将被省略
alternative	指定备选假设的特征值，必须是下列中的一个："two. sided"（默认值），"greater"或"less"。您可以只指定首字母
mu	指定用于形成零假设的可选参数。请见细节说明
paired	指示是否需要配对测试的逻辑
exact	一种指示是否应该计算精确 P 值的逻辑
correct	在 P 值的正态逼近中是否应用连续性校正的一种逻辑指示
conf. int	一种指示是否应该计算置信区间的逻辑
conf. level	置信区间的水平
tol. root	（当 conf. int 为真）一个正的数字公差，在 uniroot（＊，tol＝tolo. root）调用中使用
digits. rank	一个号码；如果有限，rank（signif（r, digits. rank））将用于计算测试统计量的级别，而不是（默认）rank（r）
formula	lhs～rhs 形式的公式，其中 lhs 是一个给出数据值的数值变量，而 rhs 要么是 1，用于单样本或配对检验，要么是一个具有两个水平的因子，用于给出相应的组。如果 lhs 属于"Pair"类，且 rhs 为 1，则完成配对测试
data	一个可选的矩阵或数据框（或类似的：参见 model. frame），其中包含公式（formula）中的变量。默认情况下，变量取自 environment（formula）
subset	一种可选的向量，指定要使用观测的子集
na. action	指示当数据包含缺失值（NA）时应该发生什么的函数。默认为 getOption（"na. action"）
...	传递给方法或传递给方法的进一步参数

（3）wilcox. test 细节说明。

公式界面仅适用于 2 样试验。如果只有 x 是给定的，或者 x 和 y 都是给定的，并且 paired 为 TRUE，则执行一个 Wilcoxon 符号秩检验，检验 x（在单样本的情况下）或 x-y（在配对的两个样本情况下）的分布是关于 mu 对称的。然而，如果 x 和 y 都给定并且配对为 FALSE，将进行 Wilcoxon 秩和检验（相当于 Mann-Whitney 检验）。在这种情况下，零假设是 x 和 y 的分布因 mu 的位置偏移而不同，而另一种选择是它们因其他位置偏移而不同（单侧的"greater"选择是 x 移到 y 的右边）。默认情况下（如果没有指定 exact），如果样本包含少于 50 个有限值且没有关联，将计算一个确切的 P 值。否则，使用近似正态。出于稳定性的原因，最好使用四舍五入的数据或设置数字。例如，digits. rank ＝ 7，这样关系的确定就不依赖于非常小的数字差异（参见示例）。可选地（如果参数 conf. int 为真），计算伪中值（单样本情况）或位置参数 x-y 的差值的非参数置信区间和估计量。[分布 F 的伪中值是（u+v）/2 分布的中值，其中 u 和 v 是独立的，每个都与分布 F 有关。如果 F 是对称的，那么伪中值和中值重合。] 注意，在双样本情况下，位置参数差异的估计值不是估计中值的差异（这是一种常见的误解），而是估计 x 样本和 y 样本之间差异的中值。如果有精确的 P 值，一个精确的置信区间由 Bauer

（1972）描述的算法得到，并使用 Hodges-Lehmann 估计器。否则，返回的置信区间和点估计是基于正常近似值。这些是对区间的连续性校正，而不是对估计的连续性校正（因为校正取决于 alternative 参数）。对于小样本，可能不能获得非常高的置信区间覆盖率。如果发生这种情况，将给出一个警告，并将替换较低覆盖率的区间。当 x（和 y，如果适用）是有效的，函数总是立即返回，同样在 conf. int = TRUE 情况下，当不能计算置信区间情况下，区间边界和有时 estimate 实时包含 NaN。

（4）wilcox. test 参数值。

一个包含类"htest"的列表，包含以下组件：

statistic	用一个名称来描述测试统计数据的值
parameter	测试统计量精确分布的参数
p. value	测试的 P 值
null. value	位置参数 mu
alternative	描述备选假设的字符串
method	应用的测试类型
data. name	提供数据名称的特征字符串
conf. int	位置参数的置信区间（只有当参数 conf. int = TRUE 时才出现）
estimate	对位置参数的估计（只有当参数 conf. int = TRUE 时才出现）

（5）wilcox. test 实例。

本例数据与例 4-7 一致，运行代码如下：

```
a<-read. csv（"D:\\R\\sign. csv"）
#输入数据#
b<-a$data
#将数据 a 的 data 列赋值给向量 b #
wilcox. test（b, mu = 312, conf. int = TRUE）
#输出结果见图 4-27#
```

```
        Wilcoxon signed rank exact test

data:  b
V = 125, p-value = 0.001678
alternative hypothesis: true location is not equal to
95 percent confidence interval:
 330 384
sample estimates:
(pseudo)median
        356.75
```

图 4-27　wilcox. test 输出结果

结果 $P < 0.05$，显著，说明今年绿茶中 EGCG 干基含量与去年有显著变化。根据 95% 置信区间，今年的茶叶 EGCG 干基含量有所增加，并给出一个（伪）中位数 356.75，这与中位数的符号检验所得的结果不同，说明了 wilcoxon 符号秩检验比符号检验利用了更多信息，检验

效果一般。

4.4.3　分布的一致性检验：χ^2（chisq. test）检验

在给定一些数据后，我们往往会假设它们来自某种分布。然而，分布的拟合优度检验可转化为分类数据的实际频数与理论频数的一致性检验。

chisq. test 描述

进行卡方联列表检验和拟合优度检验。

（1）chisq. test 用法代码。

chisq. test（x，y = NULL，correct = TRUE，p = rep（1/length（x），length（x）），rescale. p = FALSE，simulate. p. value = FALSE，B = 2000）

（2）chisq. test 参数。

x	数值向量或矩阵 x 和 y 也可以都是因数
y	一个数值向量；如果 x 是矩阵就忽略。如果 x 是一个因子，y 也应该是相同长度的因子
correct	在计算 2×2 表的检验统计量时，是否应用连续性校正的逻辑指示：从所有｜O-E｜差值中减去 1/2；然而，修正不会大于差异本身。如果 simulation. p. value＝TRUE，则不做任何修正
p	一个与 x 长度相同的概率向量。如果 p 的任何一个条目是负的，就会报错
rescale. p	一个逻辑标量；如果为 TRUE，则 p 将被重新缩放（如果需要），使总和为 1。如果重新调节，p 为 FALSE，且 p 的和不等于 1，则报错
simulate. p. value	表示是否用蒙特卡罗模拟计算 P 值的逻辑
B	指定在蒙特卡洛测试中使用的重复数的整数

（3）chisq. test 细节说明。

如果 x 是一个只有一行或一列的矩阵，或者如果 x 是一个向量，并且没有给出 y，那么将执行拟合优度测试（x 被视为一维列联表）。x 的元素必须是非负整数。在这种情况下，检验的假设是总体概率是否等于 p 中的概率，或者如果 p 不给定，则全部相等。

如果 x 是一个至少有两行两列的矩阵，则取其为二维列联表：x 的项必须是非负整数。否则，x 和 y 必须是相同长度的向量或因子；缺失值的情况被删除，对象被强制为因素，并从这些因素计算关联列表。然后对零假设进行皮尔逊卡方检验，即二维列联表中单元格计数的联合分布是行边缘和列边缘的乘积。

如果 simulation. p. value 为 FALSE，P 值是由检验统计量的渐近卡方分布计算出来的；连续性校正只在 2×2 的情况下使用（如果 correct 为 TRUE，则默认）。否则，用 B 个重复计算蒙特卡洛试验（Hope，1968）的 P 值。

在列联表的情况下，模拟是通过从所有列联表的集合中随机抽样来完成的，只有当列联表的边值是严格正值才有效。从不使用连续性修正，引用的统计数据没有连续性修正。请注意，这不是卡方检验通常假设的抽样情况，而是 Fisher's 精确检验的抽样情况。

在拟合优度情况下，模拟是通过从 p 指定的离散分布中随机抽样来完成的，每个样本的大小为 n = sum（x）。这个模拟在 R 中完成得可能会比较慢。

（4）chisq. test 参数值。

statistic	该值为卡方检验统计量
parameter	如果用蒙特卡洛模拟方法计算 P 值，检验统计量的近似卡方分布 NA 的自由度
p. value	测试的 P 值
method	一个字符串，表示所进行测试的类型，以及是否使用蒙特卡洛模拟或连续性修正
data. name	提供数据名称的字符串
observed	观察到的数量
expected	零假设下的期望计数
residuals	皮尔森的残差（observed-expected）/sqrt（expected）
stdres	标准化残差值（observed-expected）/sqrt（V），其中 V 为剩余单元方差 [Agresti, 2007，对于 x 为矩阵的情况，第 2.4.5 节，否则为 n * P *（1-P）]

（5）chisq. test 实例。

某一橘子园种有十种橘子，但在采摘时不小心被工人混在了一起。先从果筐中随机取 200 个，其中第 i 种橘子共 vi 个，如表 4-6 所示（假设的数据）。

表 4-6　10 种橘子的数目

品种	1	2	3	4	5	6	7	8	9	10
个数	35	16	15	17	17	19	11	16	30	24

R 运行代码如下：

a<-read. csv（"D: \\R \\sign. csv"）

#输入数据#

b<-a$numbers

#将数据 a 的 numbers 列赋值给向量 b #

chisq. test（b）

#chisq. test 输出结果见图 4-28#

Chi-squared test for given probabilities

data: b
X-squared = 85.752, df = 15, p-value = 6.107e-12

图 4-28　chisq. test 输出结果

因为 P 值<0.05，认为箱子中的 10 种橘子的比例不一样。

例 4-8：小明做了系列菌落总数实验，他观察了 10 个月内，蔬菜中菌落总数达到某值的次数，共观察了 2608 次，表 4-7 的第一行给出的是菌落总数，第二行是相应的频数（虚构的数据）。

表 4-7　1 个月蔬菜菌落总数的数目

菌落数	No	0	1	2	3	4	5	6	7	8	9	10
频数	data	57	203	383	525	532	408	273	139	45	27	16

R 运行代码如下：

在 R 中没有直接算带参数的拟合检验函数，故要根据具体问题进行编程。

首先计算参数 λ 的极大似然估计，R 程序如下：

```
a<-read. csv（"D：\\R\\x2. csv"）
#输入数据#
x<-a$No
y<-a$data
options（digits＝3）
likely<-function（lambda＝3）{-sum（y * dpois（x，lambda＝lambda，log＝TRUE））}
library（stats4）
mle（likely）
#输出结果见图 4-29#
```

```
Call:
mle(minuslogl = likely)

Coefficients:
lambda
  3.87
```

图 4-29　例 4-8 输出结果

由于函数 chisq. test 无法调整因参数估计引起的自由度调整，因此，需要编程计算检验统计量及 P 值，程序如下：

```
chisq. fit<-function（x，y，r）{
options（digits＝4）
result<-list（ ）
n<-sum（y）
prob<-dpois（x，3. 87，log＝FALSE）
y<-c（y，0）
m<-length（y）
prob<-c（prob，1-sum（prob））
result$chisq<-sum（（y-n * prob）^2/（n * prob））
result$p. value<-pchisq（result$chisq，m-r-1，lower. tail＝FALSE）
result
}
chisq. fit（x，y，1）
```

#输出结果见图 4-30#

```
$chisq
[1] 20.55

$p.value
[1] 0.02442
```

图 4-30　例 4-8 的 P 值结果

因为 P<0.05，认为该分布规律不服从泊松分布。

4.4.4　两总体的比较与检验

在单样本问题中，人们想要检验的是总体的中心是否等于一个已知的值。但在实际问题中，更受注意的往往是比较两个总体的位置参数。例如，两种生产方法哪种更易生产，两种蔬菜清洗方法中哪一种农残更少，两种食品策略中哪种更有效。

4.4.4.1　χ^2 独立性检验实例

例 4-9：有 63 个肺癌患者和由 43 人组成的对照组的调查结果，问总体中患肺癌是否与吸烟有关，如表 4-8 所示（alpha=0.05）。

表 4-8　吸烟与肺癌关系的调查数据（人）

组别	吸烟	不吸烟
肺癌患者	60	3
对照组	32	11

R 运行代码如下：

compare<-matrix（c（60, 32, 3, 11），nr=2,

dimnames=list（c（"cancer","normal"），

c（"smoke","Not smoke"）））

#将数据转化为矩阵#

chisq. test（compare）

#输出结果见图 4-31#

```
    Pearson's Chi-squared test with Yates' continuity correction

data:  compare
X-squared = 7.9, df = 1, p-value = 0.005
```

图 4-31　例 4-9 输出结果

因为 P<0.05，即认为患肺癌与吸烟有关系。

4.4.4.2　Fisher 精确检验

上述近似 χ^2 检验要求 2 维列联表中只允许 20% 以下的格子的期望频数小于 5，否则 R 会报错，这时应使用 Fisher 精确检验。

fisher. test 描述

执行 Fisher 的精确检验，以检验具有固定边际的列联表中行和列的独立性是否为零。

（1）fisher. test 用法代码。

fisher. test（x，y = NULL，workspace = 200000，hybrid = FALSE，hybridPars = c（expect = 5，percent = 80，Emin = 1），control = list（），or = 1，alternative = " two. sided"，conf. int = TRUE，conf. level = 0. 95，simulate. p. value = FALSE，B = 2000）

（2）fisher. test 参数。

x	矩阵形式的二维列联表，或因子对象
y	一个因素对象；如果 x 是矩阵就忽略
workspace	一个整数，指定网络算法中使用的工作空间的大小。以 4 字节为单位。仅用于大于 2×2 表的非模拟 P 值。从 R 版本 3. 5. 0 开始，这也增加了内部堆栈的大小，这允许解决更大的问题，但有时需要几个小时。在这种情况下，使用 simulation. p. values = TRUE 可能更合理
hybrid	一个逻辑。仅用于大于 2×2 的表，在这种情况下，它表明是否应该计算确切的概率（默认是）或其混合近似
hybridPars	长度为 3 的数值向量，默认情况下用于描述 chisquare 近似的有效性的"科克伦条件"
control	一个包含命名组件的列表，用于低级算法控制。目前唯一使用的是"mult"，一个 ≥2 的正整数，默认为 30，仅用于大于 2×2 的表。这表示分配给路径的空间应该是分配给键的空间的多少倍：请参阅此包的源文件中的 fexact. c
or	假设的优势比。只在 2×2 的情况下使用
alternative	表示备选假设，必须是其中一个："two. sided""greater"或"less"。您可以只指定首字母。只在 2×2 的情况下使用
conf. int	逻辑指示是否应该计算（并返回）2×2 表中的让步比的置信区间
conf. level	返回的置信区间的置信水平。如果 conf. int = TRUE，只在 2×2 的情况下使用
simulate. p. value	在大于 2×2 的表中，一种指示是否用蒙特卡罗模拟计算 P 值的逻辑
B	指定在蒙特卡洛测试中使用的重复数的整数

（3）fisher. test 细节说明。

如果 x 是一个矩阵，则取其为二维列联表，因此其项应为非负整数。否则，x 和 y 必须是相同长度的向量。剔除不完整的情况，将向量强制化为因子对象，并由此计算出联列表。

对于 2×2 的情况，P 值是直接使用（中心或非中心）超几何分布得到的。另外，计算基于 FORTRAN 子程序 FEXACT 的 C 版本，该程序实现了由 Mehta 和 Patel（1983，1986）开发的网络，并由 Clarkson，Fan 和 Joe（1993）改进。FORTRAN 代码请从相关网址获取。注意，当表的条目太大时，这将失败（并伴有错误消息，如果有必要，它会对表进行转置，使其行数不多于列。其中一个约束条件是行边的乘积小于 2^31−1）。

对于 2×2 表，条件独立性的 null 等价于优势比等于 1 的假设。通常情况下，"精确"推断可以基于观察到给定所有边际总数是固定的，列联表的第一个元素具有非中心超几何分布，其非中心参数由让步比给出（Fisher, 1935）。对于单侧测试的替代方法是基于优势比的，所以 alternative="greater" 是一个检验优势比大于 or 的方法。

双侧检验是基于表的概率，并将概率小于或等于观测表的所有表作为"更极端"的情况，P 值是这些概率的总和。

对于大于 2×2 的表和 hybrid=TRUE，只有当 hybridPars=c（expect=5, percent=80, Emin=1）指定的"Cochran 条件"（或其修改版本）得到满足时，才会使用渐近卡方概率，也就是说，如果没有一个单元格的期望计数小于 1（=Emin），并且超过 80%（=percent）的单元格的期望计数至少为 5（=expect），否则将使用精确的计算。对考虑的所有子表做出相应的 if() 决定。偶然地，R 使用了 180 而不是 80% 作为百分比，即在 R 版本 3.0.0 和 3.4.1（包括）之间的 hybridPars，即 hybridPars 的第 2 个（所有这些在 R 3.5.0 之前都是硬编码的）。因此，在这些版本的 R 中，hybrid=TRUE 从来没有什么区别。

在 rxc 的情况下，r>2 或 c<2，对于准确的测试来说，内部表可能会变得太大，在这种情况下会发出错误信号。除了充分增加工作空间（这会导致非常长的运行时间）之外，使用 simulation. p. value=TRUE 通常是足够的。

模拟是以行和列的边值为条件进行的，并且只在边值为严格正的情况下有效［使用 Patefield（1981）算法的 A C 转变］。

（4）fisher. test 参数值。

p. value	测试的 P 值
conf. int	优势比的置信区间。仅在 2×2 的情况下出现，且 if 参数 conf. int=TRUE
estimate	优势比的估计。注意，使用的是条件最大似然估计（MLE）而不是无条件最大似然估计（样本优势比）。只有在 2×2 的情况下才有
null. value	零的优势比，or。只有在 2×2 的情况下才有
alternative	描述备选假设的字符串
method	特征字符串 "Fisher's Exact Test for Count Data"
data. name	提供数据名称的字符串

数据同例 4-9。

R 运行代码如下：

```
compare<-matrix（c（60, 32, 3, 11）, nr=2,
dimnames=list（c（"cancer","normal"）,
c（"smoke", "Not smoke"）））
#将数据转化为矩阵#
fisher. test（compare, alternative="greater"）
#输出结果见图 4-32#
```

```
Fisher's Exact Test for Count Data

data: compare
p-value = 0.002
alternative hypothesis: true odds ratio is greater than 1
95 percent confidence interval:
 1.95  Inf
sample estimates:
odds ratio
      6.747
```

图 4-32　例 4-9 的 fisher. test 输出结果

因为 P<0.05，即认为总体中肺癌患者吸烟的比例比对照组中吸烟者的比例大。

（5）Wilcoxon 秩和检验法和 Mann-Whitney U 检验。

在正态总体的假定下，两样本的均值检验通常用 t 检验。检验统计量在零假设成立时服从自由度为 n^1+n^2-2 的 t 分布。和单样本情况一样，t 检验并不稳健，在不知总体分布时，使用 t 检验可能有风险。这时考虑非参数方法——Wilcoxon 秩和检验。与 Wilcoxon 秩和统计量等价的有 Mann-Whitney U 统计量。

例 4-10：高脂高糖膳食易诱发糖尿病，小明利用小鼠构建了糖尿病小鼠模型。分别如表 4-9 测定了正常小鼠与糖尿病小鼠的体重。检验这两组的体重是否有显著不同。

表 4-9　小鼠体重（g）

糖尿病	data1	42	44	38	52	48	46	34	44	38					
正常	data2	34	43	35	33	34	26	30	31	31	27	28	27	30	37	32

R 运行代码如下：

```
a<-read. csv（"D:\\R\\wilcoxon1. csv"）
#输入数据#
x<-a$data1
y<-a$data2
#将数据 a 的 data1 和 data2 列分别赋值给向量 x 和 y#
wilcox. test（x, y, exact＝FALSE, correct＝FALSE）
#输出结果见图 4-33#
```

```
Wilcoxon rank sum test

data: x and y
W = 128, p-value = 3e-04
alternative hypothesis: true location shift is not equal to 0
```

图 4-33　例 4-10 输出结果

因为 P<0.05，认为这两组的体重显著不同。

4.4.5　Mood 检验

位置参数描述了总体的位置，而描述总体概率分布离散程度的参数是尺度参数。在零假设成立时，它服从自由度为（m-1，n-1）的 F 分布。但是在总体不是正态或数据有严重污染时，上述的 F 检验就不一定合适了。Mood 检验是用来检验两样本尺度参数之间关系的一种非参数方法。

mood. test 描述

对 Mood 量表参数的差异进行双样本检验。

（1）mood. test 用法代码。

mood. test（x，...）

Default S3 method：

mood. test（x，y，alternative＝c（"two. sided"，"less"，"greater"），...）

S3 method for class 'formula'

mood. test（formula，data，subset，na. action，...）

（2）mood. test 参数。

x，y	数据值的数值向量
alternative	表示备选假设，必须是其中一个："two. sided"（默认），"greater" 或 "less"，所有这些都可以用缩写
formula	lhs～rhs 形式的公式，其中 lhs 是一个给出数据值的数值变量，而 rhs 是一个有两个层次的因子，给出相应的组
data	一个可选的矩阵或数据帧（类似地参见：model. frame），其中包含公式 formula 中的变量。默认情况下变量取自 environment（formula）
subset	一种可选的向量，指定要使用的观测子集
na. action	指示当数据包含 NA 时应该发生什么的函数。默认为 getOption（"na. action"）
...	传递给方法或传递给方法的进一步参数

（3）mood. test 细节说明。

基础模型是两个样本分别从 f（x-1）和 f（（x-1）/s）/s 中抽取，其中 1 是公共位置参数，s 是尺度参数。零假设是 s＝1。对于这个问题有更多有用的测试。在关系的情况下，采用 Mielke（1967）的公式。

（4）mood. test 参数值。

statistic	测试统计信息的值
p. value	测试的 P 值
alternative	描述备选假设的字符串。您可以只指定首字母
method	字符串 "Mood two-sample test of scale"
data. name	提供数据名称的字符串

（5）mood. test 实例。

例 4-11：两个食品加工厂月生产方便面的数量如表 4-10 所示（虚拟数据）。请问这两个工厂的月产量的内部差异是否一致。

表 4-10　方便面产量（千袋）

| A 工厂 | data1 | 321 | 266 | 256 | 388 | 330 | 329 | 303 | 334 | 299 | 221 | 365 | 250 | 258 | 342 | 343 | 298 | 238 | 317 | 354 |
| B 工厂 | data2 | 488 | 598 | 507 | 428 | 807 | 342 | 512 | 350 | 672 | 589 | 665 | 549 | 451 | 481 | 514 | 391 | 366 | 468 | — |

R 运行代码如下：

```
a<-read. csv（"D:\\R\\wilcoxon2. csv"）
#输入数据#
x<-a$data1
y<-a$data2
#将数据 a 的 data1 和 data2 列分别赋值给向量 x 和 y#
diff<-median（y, na. rm＝TRUE）-median（x, na. rm＝TRUE）
#na. rm：一个逻辑值，指示是否应该在计算继续之前删除 NA 值。#
x<-x+diff
mood. test（x, y）
#输出结果见图 4-34#
```

```
Mood two-sample test of scale

data:  x and y
Z = -2.5, p-value = 0.01
alternative hypothesis: two.sided
```

图 4-34　例 4-11 输出结果

因为 P<0.05，认为这两个工厂的方便面产量显著不同。

4.4.6　多总体的比较与检验

多样本问题是统计中最常见的一类问题。例如，多种生产方案在试运行后效果的比较，不同机器在同一条件下的稳定性是否相同。

4.4.6.1　位置参数的 Kruskal-Wallis 秩和检验

Kruskal-Wallis 描述

它用 Kruskal-Wallis 进行了多重比较。alpha 参数默认为 0.05。事后检验采用 Fisher 最小显著性差异准则。校正方法包括 Bonferroni 校正等。

（1）kruskal 用法代码。

kruskal（y, trt, alpha = 0.05, p. adj = c（"none", "holm", "hommel", "hochberg", "bonferroni", "BH", "BY", "fdr"）, group＝TRUE, main＝NULL, console＝FALSE)

（2）kruskal 参数。

y	响应
trt	处理
alpha	显著性差异
p. adj	调整 P 值的方法（请见 p. adjust）
group	TRUE 或 FALSE
main	题目
console	逻辑值，打印输出

（3）kruskal 细节说明。

对于相同或不同的重复。

调整方法见函数 p. adjusted。

p-adj = "none" 是 t-test。

（4）kruskal 参数值。

statistics	模型统计信息
parameters	设计参数
means	研究变量的统计总结
comparison	比较治疗
groups	处理组的形成

（5）kruskal 实例。

例 4-12：膳食失衡是诱导肥胖的重要原因。运动加进食热量控制是有效的减肥手段。现就游泳、打篮球和骑自行车三种运行进行热量消耗测定，如表 4-11 所示。

表 4-11　运动消耗的热量（kJ）

游泳	swim	306	385	300	319	320
打篮球	basketball	311	364	315	338	398
骑自行车	bicycle	289	198	201	302	289

R 运行代码如下：

```
library（dplyr）
#加载 dplyr 包#
a<-read. csv（"D: \\R\\kruskal1. csv"）
#输入数据#
b<-nrow（a）
c<-ncol（a）
```

```
df<-rep（1：c, each=b）
d<-as. data. frame（df）
g<-colnames（a）
h<-rep（g, each=b）
data<-as. matrix（a）
dim（data）<-c（b*c, 1）
dim（data）
e<-as. data. frame（data）
f<-bind_cols（h, e）
names（f）<-c（'fenzu', 'jieguo'）
f
#转化数据#
out<-with（f, kruskal（jieguo, fenzu, group=TRUE, main="kruskal"））
#计算结果#
out
#输出结果见图4-35#
```

```
$statistics
  Chisq Df p.chisq t.value   MSD
  9.156  2 0.01027   2.179 3.912

$parameters
             test p.ajusted name.t ntr alpha
  Kruskal-Wallis      none  fenzu   3  0.05

$means
            jieguo rank   std r Min Max Q25 Q50 Q75
basketball   345.2 11.4 36.31 5 311 398 315 338 364
bicycle      255.8  3.2 51.68 5 198 302 201 289 289
swim         326.0  9.4 34.07 5 300 385 306 319 320

$comparison
NULL

$groups
            jieguo groups
basketball   11.4      a
swim          9.4      a
bicycle       3.2      b
```

图 4-35　例 4-12 输出结果

```
plot（out）
#输出图片结果见图4-36#
```

由结果可知，打篮球和游泳消耗的热量没有显著性差异，但二者所消耗的热量，显著高于骑自行车。

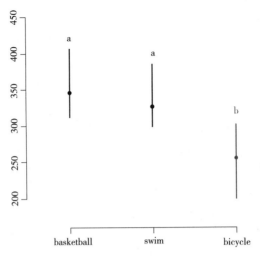

图 4-36　kruskal 输出结果图

4.4.6.2　尺度参数的 Fligner-Killen 检验

friedman 描述

数据由 b-块相互独立的 k-变量随机变量 Xij，i=1，…，b；j=1，…，k。随机变量 X 位于第 i 块中，与处理 j 相关联。它对有无平局的弗里德曼检验进行多重比较。弗里德曼得到第一个结果。

（1）friedman 用法代码。

friedman（judge，trt，evaluation，alpha = 0.05，group = TRUE，main = NULL，console = FALSE）

（2）friedman 参数。

judge	鉴定评价中的标准
trt	处理
alpha	显著性差异
group	TRUE 或 FALSE
main	题目
console	逻辑值，打印输出

（3）friedman 细节说明。

事后弗里德曼检验使用的标准是 Fisher's 最小显著性差异（LSD）。

（4）friedman 参数值。

statistics	模型统计信息
parameters	设计参数
means	研究变量的统计总结
comparison	比较治疗
groups	处理组的形成

（5）friedman 实例。

例 4-13：10 名同学对三种饮料进行了感官评价，打分如表 4-12 所示（虚构数据）。

表 4-12　感官评价得分

A	8	7	9	10	9	6	5	8	10	5
B	8	7	9	6	8	9	10	7	8	9
C	10	10	9	6	8	3	5	6	7	4

R 运行代码如下：

```
library（dplyr）
library（agricolae）
a<-read. csv（"D:\\R\\kruskal2. csv"）
#输入数据#
b<-nrow（a）
c<-ncol（a）
df<-rep（1:c, each＝b）
d<-as. data. frame（df）
dg<-rep（1:b, times＝c）
#将 1 到数据行数的阿拉伯数字重复数据列数次，并赋值给 dg 为向量#
d2<-as. data. frame（dg）
#将 dg 转换为数据框#
g<-colnames（a）
h<-rep（g, each＝b）
data<-as. matrix（a）
dim（data）<-c（b＊c, 1）
dim（data）
e<-as. data. frame（data）
f<-rep（seq（1, b, 1）, times＝c）
g1<-bind_cols（h, e）
g<-bind_cols（g1, f）
names（g）<-c（'fenzu', 'jieguo', 'number'）
g
#计算#
out<-with（g, friedman（number, fenzu, jieguo, alpha＝0. 05, group＝TRUE, console＝
TRUE, main＝" friedman"））
#计算结果#
out
#输出结果见图 4-37#
```

```
Study: friedman

fenzu, Sum of the ranks

   jieguo  r
A   22.5 10
B   21.0 10
C   16.5 10

Friedman's Test
===============
Adjusted for ties
Critical Value: 2.516
P.Value Chisq: 0.2842
F Value: 1.295
P.Value F: 0.2982

Post Hoc Analysis

Alpha: 0.05 ; DF Error: 18
t-Student: 2.101
LSD: 8.152

Treatments with the same letter are not significantly different.

   Sum of ranks groups
A        22.5      a
B        21.0      a
C        16.5      a
```

图 4-37　例 4-13 输出结果

plot（out，variation='IQR'）
#输出图片结果见图 4-38#

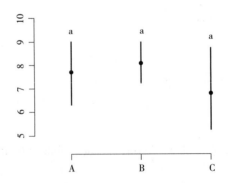

图 4-38　friedman 输出结果图

由结果可知，A、B 和 C 三种饮料的感官评分没有显著性差异。

4.5　练习题

（1）表 4-13 为随机抽取的富士和红富士苹果果实各 11 个的果肉硬度（磅/cm²），问两种苹果的硬度有无差异。

表 4-13　富士和红富士苹果果肉的硬度（磅/cm²）

序号	1	2	3	4	5	6	7	8	9	10	11
富士	14.5	16.0	17.5	19.0	18.5	19.0	15.5	14.0	16.0	17.0	19.0
红富士	17.0	16.0	15.5	14.0	17.0	18.0	19.0	19.0	15.0	15.0	14.0

（2）分别在 10 个食品工厂测定了大米饴糖和玉米饴糖的还原糖含量（%），结果见表 4-14。试比较两种饴糖的还原糖含量有无显著性差异。

表 4-14　大米饴糖和玉米饴糖的还原糖含量（%）

序号	1	2	3	4	5	6	7	8	9	10
大米	39.0	37.5	36.9	38.1	37.9	38.5	37.0	38.0	37.5	38.0
玉米	35.0	35.5	36.0	35.5	37.0	35.5	37.0	36.5	35.8	35.5

（3）用 4 种不同方法对某食品中的汞进行测定，每种方法测定 5 次，结果如表 4-15 所示，试问这 4 种方法测定结果有无显著性差异。

表 4-15　4 种不同方法对某食品中汞的测定（ng/kg）

测定方法	结果				
A	22.6	21.8	21.0	21.9	21.5
B	19.1	21.8	20.1	21.2	21.0
C	18.9	20.4	19.0	20.1	18.6
D	19.0	21.4	18.8	21.9	20.2

（4）对 4 种食品某一质量指标进行感官试验检查，满分为 20 分，评分结果列于表 4-16，试比较其差异性。

表 4-16　4 种食品某一质量指标的感官评分（分）

食品	结果											
A	14	15	11	13	11	15	11	13	16	12	14	13
B	17	14	15	17	14	17	15	16	12	17		
C	13	15	13	12	13	10	16	15	11			
D	15	13	14	15	14	12	17					

（5）为提高粒粒橙果汁饮料中汁胞的稳定性，研究了果汁 pH 值（A）、魔芋精粉浓度（B）两个因素不同水平组合对果汁黏度的影响。果汁 pH 值取 3.5、4.0、4.5 3 个水平，魔芋精粉浓度（%）取 0.10、0.15、0.20 3 个水平，每个水平组合重复 3 次，进行了完全随机化试验。试验指标为果汁黏度（CP），果汁黏度越高越好。试验结果如表 4-17 所示，试进行方差分析。

表 4-17　不同 pH 值和魔芋精粉浓度对果汁黏度的影响

pH（A）	魔芋精粉浓度（%，B）								
	B1（0.10）			B2（0.15）			B3（0.20）		
A1（3.5）	11.2	10.3	9.7	54.6	57.1	60.3	162.0	151.3	140.4
A2（4.0）	16.5	16.8	15.2	73.5	71.2	66.5	211.4	222.8	237.1
A3（4.5）	8.1	7.3	6.9	28.3	31.2	30.7	102.5	110.4	121.7

（6）从某红布林农场采样，测得 40 个红布林的果周长（mm）如表 4-18 所示，问该农场红布林果周长是否服从正态分布？

表 4-18　40 个红布林的果周长（mm）

36	36	37	38	40	43	43	44
45	48	50	50	51	53	54	54
56	57	57	57	58	58	58	58
59	60	61	61	61	62	63	63
65	66	68	68	70	73	75	72

（7）茶是世界上饮用最为广泛的一种饮料，但是很少人知道其营养价值。任一种茶叶都含有叶酸，它是一种维他命 B。如今，已有测定茶叶中叶酸含量的方法。为研究各产地的绿茶的叶酸含量是否有差异，特选取 4 个产地的绿茶，其中 A 制作了 7 个样品，B 制作了 5 个样品，C 和 D 各制作了 6 个样品，共有 24 个样品，按随机次序测试其叶酸含量（mg），测试结果见表 4-19。

表 4-19　不同产地绿茶的叶酸含量（mg）

产地	叶酸含量						
A	7.9	6.2	6.6	8.6	10.1	9.6	8.9
B	5.7	7.5	9.8	6.1	8.4	—	—
C	6.4	7.1	7.9	4.5	5.0	4.0	—
D	6.8	7.5	5.0	5.3	6.1	7.4	—

4.6　参考文献

［1］Wenfeng Li, Pengling Gong, Hongming Ma, et al. Ultrasound treatment degrades, changes the color，and improves the antioxidant activity of the anthocyanins in red radishes ［J］．LWT-Food Science and Technology，2022，165：113761.

［2］惠凤莲．论多重比较的几种方法［J］．统计与信息论坛，1997（4）：29-33.

［3］胡纯严，胡良平．如何正确运用方差分析——多个均值之间的多重比较［J］．四川精神卫生，2022，35（1）：21-25.

［4］汤银才．R 语言与统计分析［M］．北京：高等教育出版社，2008.

第 5 章　回归分析

5.1　回归分析简介

在自然界中，各种变量间的关系大致可分为两大类：一类是确定性关系，又称函数关系，即当变量 x 的值取定之后，变量 y 有唯一确定的值与之对应。例如，当食品的销售价格 a 不变时，销售量 x 与销售额 y 之间就有函数关系 y = ax，当 x 的值取定后，y 的值就确定了。另一类是非确定性关系，当变量 x 的值取定后，y 有若干种可能的取值。例如，食品的价格 y 与市场需求量 x 之间的关系，当需求量增多时价格上涨，需求量减少时价格下跌，但价格 y 与需求量 x 之间并不是完全确定的关系。当 x 的值确定后，y 却是一个随机变量，即它们之间既有密切的关系，又无法由一个变量的取值精确地定出另一个变量的值。

回归分析是对符合回归理论模型的资料进行统计分析的一种数理统计方法。它通过对大量观察数据的统计分析，揭示出相关变量间的内在规律，主要包括：找出变量间相关关系的近似数学表达式——回归方程；检验回归方程的效果是否显著；由 1 个或几个变量的值，通过回归方程来预测或控制另一变量的值。

在回归分析中，常把可以控制或能精确观察，或比较容易测定的变量称为自变量，常用 x 表示，把另一与 x 有密切关系，但取值却具有随机性的变量称为因变量，又叫作依变量，常用 y 表示。

回归分析类型很多，包括 1 个依变量和 1 个自变量的回归分析称为一元回归分析，又分为直线回归分析和曲线回归分析；包括 1 个依变量和多个自变量的回归分析称为多元回归分析，又分为多元线性回归分析、曲面回归分析两类。

5.2　一元回归

相关分析只能得出两个变量之间是否相关，但却不能回答在两个变量之间存在相关关系时它们之间是如何联系的，即无法找出刻画它们之间因果关系的函数关系。而回归分析可以解决这一问题，例如，我们经常需要绘制的标准曲线。当然，Excel 是更常采用的一元线性回归软件。

lm 函数描述

在 R 中，由函数 lm 可以非常方便地求出回归方程，函数 confint 可求出参数的置信区间。

与回归分析有关的函数还有 summary，anova 和 predict 等。

lm 用于拟合线性模型。它可以用于进行回归、单层方差分析和协方差分析（虽然 aov 可以为这些提供更方便的接口）。

（1）lm 用法代码。

lm（formula，data，subset，weights，na. action，method = "qr"，model = TRUE，x = FALSE，y = FALSE，qr = TRUE，singular. ok = TRUE，contrasts = NULL，offset，...）

（2）lm 参数。

formula	一个"公式"类的对象（或一个可以被强制到那个类的对象）：拟合模型的符号描述。模型规范的细节在"细节"项下给出
data	包含模型中变量的可选数据框架、列表或环境（或 as. data. frame 强制转换为数据框架的对象）。如果在数据中没有找到，则从环境（公式）中提取变量，通常是调用 lm 的环境
subset	一种可选的向量，指定拟合过程中使用的观测数据子集
weights	拟合过程中可选的权重向量。应该是 NULL 或数值向量。如果非 null，加权最小二乘与权重的权重［即最小化和（w ∗ e^2）］；否则使用普通最小二乘。参见"细节"
na. action	指示当数据包含 NAs 时应该发生什么的函数。默认由 na. action 设置。如果未设置，则是 na. fail。"factory-fresh"的默认值是 na. omit。另一个可能的值是 NULL，无动作。na. exclude 值是可能有用的
method	使用的方法。拟合方面，目前只支持 method = "qr"：method = "model. frame"返回模型框架（与 model = TRUE 相同，见下文）
model，x，y，qr	逻辑值。如果为 TRUE，则返回拟合的相应组件（模型框架、模型矩阵、响应、QR 分解值）
singular. ok	逻辑值。如果为 FALSE（S 为默认值，R 为非默认值），则单个拟合为错误
contrasts	一个可选列表。见 model. matrix. default 的 contrasts. arg
offset	可以用来指定一个 priori 的已知成分，包括在拟合期间的线性预测器。这应该是 NULL 或一个数字向量或与响应匹配的区段矩阵。可以在公式中包含一个或多个 offset，如果指定了多个，则使用它们的和。见 model. offset
...	传递给低级回归拟合函数的附加参数（见下文）

（3）lm 细节。

lm 的型号用符号指定。典型的模型有 response ~ terms 形式，其中 response 是（数值的）响应向量，而 terms 是一系列指定 response 线性预测器的术语。first+second 形式的术语说明指出 first 中的所有术语以及去掉重复项的 second 中的所有术语。first：second 形式的规范表示通过将 first 中的所有术语与 second 中的所有术语交互得到的一组术语。规范 first ∗ second 表示 first 和 second 的交互。这就相当于（first+second）+（first：second）。如果公式中包含 offset，则对其进行计算并从响应中减去该值。如果 response 是一个矩阵，则对矩阵的每一列分别用最小二乘法拟合线性模型。更多细节见 model. matrix。公式中的项将被重新排序，以便主效果排在前面，然后是交互、所有二阶的、所有三阶的，以此类推。为了避免这种情况，将 terms 对象作为公式传递 [参见 aov 和 demo（glm.vr）的示例]。公式有一个隐含的截距项。要消除这个，可以使用 y~x−1 或 y~0+x。请参阅 formula 了解允许的更多公式细节。非 null weights 可以用来表示不同的观察结果有不同的方差（weights 值与方差成反比）或者等价地，当 weights 的元素为正整数 w_i 时，每个响应 y_i 是 w_i 单位权重观测值的均值（包括 w_i 观测值等于 y_i 且数据已经汇总的情况）。但是，在后一种情况下，请注意没有使用组内变化。因此，sigma 估计和剩余自由度可能是次优的；在复制权重的情况下，甚至会出错。因此，应谨慎处理标准误差和方差分析表。lm 调用低级函数 lm.fit 等，参见下面的实际数值计算。仅对于编程，您可以考虑这样做。所有 weights、subset 和 offset 的求值方式与 formula 中的变量相同，先在 data 中求值，再在 formula 环境中求值。

（4）lm 参数值。

lm 返回一个类"lm"的对象或类 c 的多个响应（"mlm"，"lm"）。利用函数 summary 和 anova 得到并打印汇总和方差分析结果表。通用访问器函数 coefficients、effects、fitted.values 和 residuals 提取 lm 返回值的各种有用特征。lm 类的对象是一个至少包含以下组件的列表。

coefficients	一个命名的系数向量
residuals	残差，即响应减去拟合值
fitted.values	拟合均值
rank	拟合线性模型的数值秩
weights	（仅适用于加权拟合）指定的权重
df.residual	剩余自由度
call	匹配的电话
terms	使用的 terms 对象
contrasts	（仅在相关的地方）使用对比
xlevels	（仅在有关情况下）拟合所使用因素的水平记录
offset	使用的偏移量（如果没有使用，则丢失）
y	如果请求，则使用响应
x	如果请求，使用模型矩阵
model	如果被请求（默认），使用模型框架
na.action	（相关的）model.frame 返回的关于 NAs 特殊处理的信息

（5）lm 实例。

例 5-1：设进行某食品感官评定时，测得食品甜度与蔗糖浓度的关系如表 5-1 所示，试求 y 对 x 的直线回归方程。

表 5-1 某食品甜度与蔗糖浓度的关系

蔗糖质量分数 x/%	1.0	3.0	4.0	5.5	7.0	8.0	9.5
甜度 y	15	18	19	21	22.6	23.8	26

按列将数据输入 lm1. csv 文件（图 5-1）。

X	Y
1	15
3	18
4	19
5.5	21
7	22.6
8	23.8
9.5	26

图 5-1　lm1. csv 文件

```
a<-read. csv（"D:\\R\\lm1. csv"）
#读取文件#
x<-a$X
y<-a$Y
```

#将文件 a 的 X 和 Y 列分别赋予向量 x 和 y；这里也可以不传递数据，用 lm. line<-lm（y~x，data=a）#

```
lm. line<-lm（y~x）
```

#设定公式格式可简化为 lm（formula=y~x）表示使用线性回归模型 y=ax+b#

```
summary（lm. line）
```

#提取模型计算结果（图 5-2）#

```
Call:
lm(formula = y ~ 1 + x)

Residuals:
        1         2         3         4         5         6         7
-0.21342   0.27651   0.02148   0.13893  -0.14362  -0.19866   0.11879

Coefficients:
            Estimate Std. Error t value Pr(>|t|)
(Intercept) 13.95839    0.17347   80.47 5.62e-09 ***
x            1.25503    0.02849   44.05 1.14e-07 ***
---
Signif. codes:  0 '***' 0.001 '**' 0.01 '*' 0.05 '.' 0.1 ' ' 1

Residual standard error: 0.2078 on 5 degrees of freedom
Multiple R-squared:  0.9974,    Adjusted R-squared:  0.9969
F-statistic:  1940 on 1 and 5 DF,  p-value: 1.138e-07
```

图 5-2　例 5-1 模型计算结果

由结果可知，a、b 项均显著，故回归方程为 y=1.255x+13.958。

得到了回归方程，还可以对误差项独立同正态分布的假设进行检验。在 R 中执行：

```
test<-par（mfrow=c（2，2））
plot（lm. line）
```

par（test）

上述命令运行了四次 plot（x，y），产生了四个图形，并叠加在一个图中。图 5-3 为 Residual vs fitted 为拟合值对残差的图形，可以看出，数据点都基本均匀地分布在直线 $y=0$ 的两侧，无明显趋势。图 5-4 为 Normal Q-Q 图，数据点的分布趋于一条直线，说明残差是服从正态分布的。图 5-5Scale-Location 显示了标准化残差的平方根的分布情况，最高点为残差最大值。图 5-6 为柯克距离，显示了对回归的影响点。

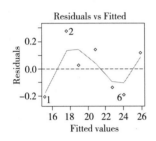

图 5-3 Residual vs fitted 为拟合值对残差的图形

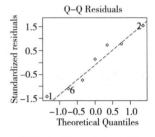

图 5-4 Normal Q-Q 图

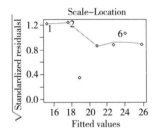

图 5-5 Scale-Location 图

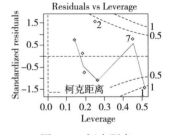

图 5-6 柯克距离

利用回归方程进行数值预测，通过 predict 函数执行，例如，预测蔗糖质量分数为 2、6 和 7.5 时对应的甜度（图 5-7）。

unknown. X<-data. frame（x=c（2，6，7.5））

predict（lm. line，newdata= unknown. X）

```
        1        2        3
16.46846 21.48859 23.37114
```

图 5-7 预测结果

基于 ggplot2 绘制回归曲线（图 5-8）。当然，我们如果使用 ggplot2 包，可以很容易获得更漂亮且带置信区间的图。

library（ggplot2）#载入 ggplot2 包

a<-read. csv（"D：\\R\\lm1. csv"）#加载数据

b<-ggplot（a，aes（x=X，y=Y））+geom_point（size=8，shape=21）#映射数据，并绘制散点图

e<-b+geom_smooth（method="lm1"，se=T）#添加回归曲线

e+labs（x="Predicted value"，y="Experiment value"）#添加坐标轴说明

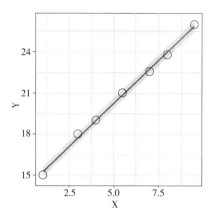

图 5-8　基于 ggplot2 绘制的回归曲线

由于置信区间是半透明状态，不能直接导出，需导出为 PDF 文件，程序如下：

library（Cairo）

CairoPDF（"D：\\R\\lm1. pdf"）

plot（e）

dev. off（）

geom_smooth 描述

利用 ggplot 函数的 geom_smooth 绘制回归曲线，帮助眼睛在过度绘制的情况下看到图案。geom_smooth（）和 stat_smooth（）是有效的别名：它们都使用相同的参数。如果您想用非标准的 geom 显示结果，请使用 stat_smooth（）。

（1）geom_smooth 运用代码。

geom_smooth（mapping = NULL，data = NULL，stat = "smooth"，position = "identity"，…，method = NULL，formula = NULL，se = TRUE，na. rm = FALSE，orientation = NA，show. legend = NA，inherit. aes = TRUE）

stat_smooth（mapping = NULL，data = NULL，geom = "smooth"，position = "identity"，…，method = NULL，formula = NULL，se = TRUE，n = 80，span = 0. 75，fullrange = FALSE，level = 0. 95，method. args = list（），na. rm = FALSE，orientation = NA，show. legend = NA，inherit. aes = TRUE）

（2）geom_smooth 参数。

mapping	由 aes（）或 aes_（）创建的一组美学映射。如果指定，则 inherit.aes = TRUE（默认值），它与绘图顶层的默认映射结合在一起。如果没有图的映射，则必须提供 mapping
data	该层显示的数据。有三个选项：如果默认为 NULL，则数据继承自调用 ggplot（）中指定的 plot 数据。data.frame 或其他对象将覆盖绘图数据。所有对象将被强化以产生一个数据帧。请参阅 fortify（）以创建变量。调用 function 时只有一个参数，即绘图数据。返回值必须是 data.frame，并且将被用作层数据。函数可以由公式创建［例如~ head（. x, 10）］
position	位置调整，可以是字符串，也可以是位置调整函数调用的结果
…	传递给 layer（）的其他参数。这些通常是美学，用于将美学设置为固定值，如 colour = "red" 或 size = 3。它们也可能是成对的 geom/stat 的参数

method	可使用的平滑方法（函数），接受 NULL 或字符向量，例如。"lm（线性模型）""glm（广义线性模型）""gam（广义相加模型）""loess（局部加权回归）"或一个函数，例如 MASS∷rlm 或 mgcv∷gam，stats∷lm，或 stats∷loess。"auto"也可以向后兼容，它等价于 NULL。 对于 method=NULL 的平滑方法是根据最大的组（横跨所有图层）的大小选择。stats∷loess（）用于小于 1000 次观测；否则 mgcv∷gam（）与 formula=y~s（x，bs="cs"）和 method="REML"一起使用。有趣的是，loess 给出了更好的外观，但在内存中是 O（N^2），所以不适用于更大的数据集。 如果你的观察次数少于 1000 次，但你想使用与 method=NULL 相同的 gam（）模型，那么设置 method="gam"，formula=y~s（x，bs="cs"）
formula	用于平滑函数的公式，如：Y~x，Y~poly（x，2），Y~logx。默认为 NULL，在这种情况下，method=NULL 意味着当观察值小于 1000 时，formula=y~x，否则 formula=y~s（x，bs="cs"）
se	显示置信区间左右平滑（默认为 TRUE，参见控制 level）
na.rm	如果为 FALSE，则删除默认缺失的值并给出警告。如果为 TRUE，缺失的值将被静默删除
orientation	层的方向。默认（NA）自动从美学映射确定方向。在极少数情况下，若失败了，它可以通过设置 orientation 为"x"或"y"来明确给出。详见 Orientation 部分
show.legend	逻辑值。指定该层是否应该包含在图例中。默认值 NA 包括是否映射了任何图层。FALSE 为从不包含，TRUE 为总是包含。它也可以是一个命名的逻辑向量，用于精细地选择要显示的外观
inherit.aes	如果为 FALSE，则覆盖默认图层，而不是与它们结合。这对于定义数据和外观的帮助函数是最有用的，并且不应该继承默认图层的行为，例如 borders（）
geom，stat	用于覆盖 geom_smooth（）和 stat_smooth（）之间的默认连接
n	计算平滑度的点数
span	控制默认局部加权回归（loess）平滑的平滑量。较小的数据量产生摆动的线，较大的数据量产生平滑的线。仅用于局部加权回归，即当 method="loess"，或当 method=NULL（默认值），且小于 1000 次观测
fullrange	这种拟合应该涵盖整个情节范围，还是只涵盖数据
level	要使用的置信区间水平（默认为 0.95）
method.args	传递给 method 定义的建模函数的附加参数列表

（3）geom_smooth 细节。

计算是由 predictdf（）泛型及其方法执行的。对于大多数方法，标准误差边界是使用 predict（）方法计算的——例外是 loess（），它使用基于近似和 glm（）方法，其中正常置信区间是在链接尺度上构建的，然后反变换到响应尺度。

5.3 多元线性回归

在许多实际问题中，影响响应变量的因素往往不只一个而是有多个，我们称这类回归分析为多元回归分析。多元线性回归分析是多元回归分析中最为简单而又最常用的一种分析方法。其原理与直线回归分析的原理完全相同，但是要涉及一些新概念，在计算上要复杂得多。

例 5-2：假设有 27 名糖尿病患者的血清总胆固醇（X1）、甘油三酯（X2）、空腹胰岛素（X3）、糖化血红蛋白（X4）、空腹血糖（Y）的测量值如下表。试建立血糖与其他指标的多元线性回归方程。

按列将数据输入 lm2.csv 文件（图 5-9）。

X1	X2	X3	X4	Y
5.68	1.90	4.53	8.20	11.20
3.79	1.64	7.32	6.90	8.80
6.02	3.56	6.95	10.80	12.30
4.85	1.07	5.88	8.30	11.60
4.60	2.32	4.05	7.50	13.40
6.05	0.64	1.42	13.60	18.30
4.90	8.50	12.60	8.50	11.10
7.08	3.00	6.75	11.50	12.10
3.85	2.11	16.28	7.90	9.60
4.65	0.63	6.59	7.10	8.40
4.59	1.97	3.61	8.70	9.30
4.29	1.97	6.61	7.80	10.60
7.97	1.93	7.57	9.90	8.40
6.19	1.18	1.42	6.90	9.60
6.13	2.06	10.35	10.50	10.90
5.71	1.78	8.53	8.00	10.10
6.40	2.40	4.53	10.30	14.80
6.06	3.67	12.79	7.10	9.10
5.09	1.03	2.53	8.90	10.80
6.13	1.71	5.28	9.90	10.20
5.78	3.36	2.96	8.00	13.60
5.43	1.13	4.31	11.30	14.90
6.50	6.21	3.47	12.30	16.00
7.98	7.92	3.37	9.80	13.20
11.54	10.89	1.20	10.50	20.00
5.84	0.92	8.61	6.40	13.30
3.84	1.20	6.45	9.60	10.40

图 5-9 lm2.csv 文件

运行代码如下：

a<-read.csv（"D:\\R\\lm2.csv"）
#加载数据#
model<-lm（Y~X1+X2+X3+X4，data=a）
#构建模型#
summary（model）
#输出结果（图 5-10）#

```
Call:
lm(formula = Y ~ X1 + X2 + X3 + X4, data = a)

Residuals:
    Min     1Q  Median     3Q     Max
-3.6268 -1.2004 -0.2276  1.5389  4.4467

Coefficients:
            Estimate Std. Error t value Pr(>|t|)
(Intercept)   5.9433     2.8286   2.101   0.0473 *
X1            0.1424     0.3657   0.390   0.7006
X2            0.3515     0.2042   1.721   0.0993 .
X3           -0.2706     0.1214  -2.229   0.0363 *
X4            0.6382     0.2433   2.623   0.0155 *
---
Signif. codes:  0 '***' 0.001 '**' 0.01 '*' 0.05 '.' 0.1 ' ' 1

Residual standard error: 2.01 on 22 degrees of freedom
Multiple R-squared:  0.6008,    Adjusted R-squared:  0.5282
F-statistic: 8.278 on 4 and 22 DF,  p-value: 0.0003121
```

图 5-10　例 5-2 输出结果

由结果可知，回归方程（$Y = 0.1424X1 + 0.3515X2 - 0.2706X3 + 0.6382X4 + 5.9433$）中，X2 和 X3 项没有显著性。这说明用这些项建立方程效果不好，应在建模时舍弃。

为了获得"最优"回归方程，利用"逐步回归法"计算函数 step()，它以 Akaike 信息统计量为准则，通过选择最小的 AIC 信息统计量，来达到删除或增加变量的目的。

在上述回归分析基础上，进行逐步回归分析（图 5-11）：

lm.step<-step（model）

```
Start:  AIC=42.16
Y ~ X1 + X2 + X3 + X4

       Df Sum of Sq     RSS    AIC
- X1    1    0.6129  89.454 40.343
<none>              88.841 42.157
- X2    1   11.9627 100.804 43.568
- X3    1   20.0635 108.905 45.655
- X4    1   27.7939 116.635 47.507

Step:  AIC=40.34
Y ~ X2 + X3 + X4

       Df Sum of Sq     RSS    AIC
<none>              89.454 40.343
- X3    1   25.690 115.144 45.159
- X2    1   26.530 115.984 45.356
- X4    1   32.269 121.723 46.660
```

图 5-11　逐步回归分析

用全部变量作回归方程时，AIC 统计量的值为 42.16，如果去掉变量 X1，AIC 统计量的值为 40.343；如果去掉变量 X2，AIC 统计量的值为 43.568，以此类推。由于去掉 X1 使 AIC

统计量最小，因此 R 软件会自动去掉变量 X1，进入下一轮计算。在下一轮中，无论去掉哪一个变量，AIC 统计量的值均会升高，因此自动终止计算，得到"最优"回归方程（图 5-12）。

summary（lm. step）

```
Call:
lm(formula = Y ~ X2 + X3 + X4, data = a)

Residuals:
     Min      1Q  Median      3Q     Max
 -3.2692 -1.2305 -0.2023  1.4886  4.6570

Coefficients:
             Estimate Std. Error t value Pr(>|t|)
 (Intercept)   6.4996     2.3962   2.713  0.01242 *
 X2            0.4023     0.1541   2.612  0.01559 *
 X3           -0.2870     0.1117  -2.570  0.01712 *
 X4            0.6632     0.2303   2.880  0.00845 **
 ---
Signif. codes:  0 '***' 0.001 '**' 0.01 '*' 0.05 '.' 0.1 ' ' 1

Residual standard error: 1.972 on 23 degrees of freedom
Multiple R-squared:  0.5981,    Adjusted R-squared:  0.5456
F-statistic: 11.41 on 3 and 23 DF,  p-value: 8.793e-05
```

图 5-12　"最优"回归结果

依据逐步回归结果，我们得到了新的回归方程：

$$Y = 0.4023X2 - 0.2870X3 + 0.6632X4 + 6.4996$$

5.4　练习题

（1）采用碘量法测得还原糖，用 0.05mol/L 浓度硫代硫酸钠滴定标准葡萄糖溶液，记录消耗的硫代硫酸钠的体积，得到如表 5-2 数据。请利用 lm 函数绘制回归曲线，并得出回归方程。

表 5-2　硫代硫酸钠滴定标准葡萄糖溶液所消耗体积

硫代硫酸钠 x/mL	0.9	2.4	3.5	4.7	6.0	7.4	9.2
葡萄糖 y/（mg/mL）	2	4	6	8	10	12	14

（2）考察温度对色素产量的影响，测得 10 组数据，如表 5-3 所示。建立温度与产量的回归方程；对回归方程进行显著性检验；预测 42℃时产量的估计值及预测区间（置信水平为 $P=95\%$）。

表 5-3　温度对色素产量的影响

温度/℃	21	26	31	36	41	46	51	56	61	66
产量/kg	13.2	15.2	16.5	17	18	18.5	19.6	22	22.3	25

（3）在某桃子果汁加工过程中非酶褐变原因的研究中，测得该饮料中无色花色 X1、花色苷 X2、美拉德反应 X3、维生素 CX4 和非酶褐变色度 Y，如表 5-4 所示。试进行线性回归分析。

表 5-4　某桃子果汁加工过程中非酶褐变的原因

序号	X1	X2	X3	X4
1	0.055	0.019	0.008	2.38
2	0.060	0.019	0.007	2.83
3	0.064	0.019	0.005	3.27
4	0.062	0.012	0.009	3.38
5	0.060	0.006	0.013	3.49
6	0.053	0.010	0.017	2.91
7	0.045	0.013	0.021	2.32
8	0.055	0.014	0.017	3.35
9	0.065	0.015	0.013	3.38
10	0.062	0.023	0.011	3.43
11	0.059	0.031	0.009	3.47
12	0.071	0.024	0.015	3.48
13	0.083	0.016	0.021	3.49
14	0.082	0.016	0.019	3.47
15	0.080	0.015	0.017	3.45
16	0.068	0.017	0.013	2.92

（4）在麦芽酶试验中，发现吸氨量（X1）与底水（X2）及吸氨时间（Y）都有关系，如表 5-5 所示。请找出它们的线性关系。

表 5-5　吸氨量（X1）与底水（X2）及吸氨时间（Y）的关系

序号	X1	X2	Y
1	136.5	215	6.2
2	136.5	250	7.5
3	136.5	180	4.8
4	138.5	250	5.1
5	138.5	180	4.6
6	138.5	215	4.6
7	140.5	180	2.8
8	140.5	215	3.1
9	140.5	250	4.3
10	138.5	215	4.9
11	138.5	215	4.1

5.5　参考文献

［1］王钦德，杨坚. 食品试验设计与统计分析［M］. 北京：中国农业大学出版社，2003.

［2］汤银才. R 语言与统计分析［M］. 北京：高等教育出版社，2008.

第6章 基于 corrplot 的相关性分析

6.1 corrplot 简介

corrplot 是实现相关矩阵可视化（热力图）的包，在 Rstudio 中，可输入 install. packages（"corrplot"）直接下载。如已经下载过，可输入 library（corrplot）加载待用。本章主要用 R 中的 corrplot 包进行相关性分析。什么是相关性？相关性用什么指标来表示？我们先了解以下几个概念。

6.1.1 相关性

相关性，是指两个变量的关联程度。一般地，从散点图上可以观察到两个变量有以下三种关系之一：两变量正相关、两变量负相关、两变量不相关。如果一个变量高的值对应于另一个变量高的值，相似地，低的值对应于低的值，那么这两个变量正相关。在食品营养学研究中，儿童的年龄和身高就是典型的正相关关系。反之，如果一个变量高的值对应于另一个变量低的值，那么这两个变量负相关。如果两个变量间没有关系，即一个变量的变化对另一变量没有明显影响，那么这两个变量不相关。

6.1.2 相关系数

著名统计学家卡尔·皮尔逊设计了统计指标——相关系数（correlation coefficient），可以用来描述两组变量之间的关系，反映变量之间相关关系的密切程度。相关系数的符号（加减）表明关系的方向（正相关或负相关），其值的大小表示关系的强弱程度（完全不相关时为 0，完全相关时为 1）。算法不同，相关性系数也有差别。

6.1.3 相关系数的类型

常见的相关系数有三种：皮尔逊（pearson）相关系数、斯皮尔曼（spearman）相关系数和肯德尔（kendall）相关系数。

皮尔逊相关系数（pearson），也称为线性相关系数、积差相关系数，1890 年由英国统计学家卡尔·皮尔逊提出，是用来反映两个变量线性相关程度的统计量，适用于满足正态分布的数据。相关系数用 r 表示，（其中 n 为样本量，分别为两个变量的观测值和均值）。r 描述两个变量间线性相关强弱的程度，r 的绝对值越大表明相关性越强。r 的取值在 -1 与 +1 之间，若 r>0，表明两个变量是正相关，即一个变量的值越大，另一个变量的值也会越大；若 r<0，表明两个变量是负相关，即一个变量的值越大，另一个变量的值反而会越小。r 的绝对值越大表明相关性越强，要注意的是这里并不存在因果关系。若 r=0，表明两个变量间不是线性相关。

斯皮尔曼相关性系数（spearman），又称斯皮尔曼秩相关系数，是利用两变量的秩次大小作线性相关分析，而不是根据数据的实际值计算，适用于有序数据和不满足正态分布假设的等间隔数据，与 pearson 相关系数相比属于非参数统计方法，具有更广的适用范围。经常用希腊字母 ρ 表示。

肯德尔相关系数（kendall）是一种秩相关系数，是对两个有序变量或两个秩变量之间相关程度的测量，属于非参数统计。

6.1.4　相关性的显著性检验

在计算好相关系数以后，如何对它们进行统计显著性检验呢？常用的原假设为变量间不相关（即总体的相关系数为 0）。你可以使用 cor. test（）函数对单个的 pearson、spearman 和 kendall 相关系数进行检验。简化后的使用格式为：

其中的 x 和 y 为要检验相关性的变量，alternative 则用来指定进行双侧检验或单侧检验（取值为"two. side"　"less"　或"greater"），而 method 用以指定要计算的类型（"pearson"　"kendall"或"spearman"）。当研究的假设为总体的相关系数小于 0 时，请使用 alternative＝"less"。在研究的假设为总体的相关系数大于 0 时，应使用 alternative＝"greater"。在默认情况下，假设为 alternative＝"two. side"（总体相关系数不等于 0）。

6.2　数据说明及绘图

本章将以高剂量卵磷脂诱导的小鼠肝脏毒性反应的数据进行举例说明。实验方案如下：8 只小鼠以每组 4 只随机分成正常组（Chow）及卵磷脂组（3% phosphatidylcholine，PC）。实验期间分别给予两组小鼠足够的纯水及 3% 卵磷脂水溶液。喂养 12 周后，获取小鼠血清、肝脏，通过试剂盒检测得到小鼠肝功能相关临床指标，主要包括血清中两个转氨酶水平（ALT、AST）及肝脏中 4 个炎症因子水平（IL-1、IL-6、TNF-α、TNF-β）。同时测定小鼠肠道菌群组成，并筛选出 10 个差异菌。小鼠肝功能相关临床指标（表 6-1）和小鼠肠道菌群组成（表 6-2）两组数据矩阵分别被命名为：liver. csv 和 microbiota. csv，保存于桌面 R 文件夹中。

表 6-1　小鼠肝功能的相关临床指标

组别	谷丙转氨酶（ALT）	谷草转氨酶（AST）	白细胞介素-1（IL-1）	白细胞介素-6（IL-6）	肿瘤坏死因子 α（TNF-α）	肿瘤坏死因子 β（TNF-β）
Chow. 1	80. 68	123. 65	35. 85	2. 79	34. 06	56. 38
Chow. 2	78. 54	122. 97	35. 17	3. 34	47. 91	32. 53
Chow. 3	83. 13	119. 93	31. 82	0. 7	25. 2	0. 35
Chow. 4	78. 75	119. 85	38. 22	1. 19	33. 51	2. 67
PC. 1	87. 4	120. 95	36. 44	2. 09	55. 11	18. 18
PC. 2	88. 9	134. 08	37. 43	26. 53	61. 95	22. 49
PC. 3	88. 65	130. 74	44. 98	2. 5	59. 85	12. 06
PC. 4	96. 32	152. 7	48. 35	3. 89	69. 51	50. 68

表 6-2　小鼠肠道菌群组成

组别	Helicobacter_hepaticus	Ruminococcaceae_bacterium_668	Parabacteroides_goldsteinii	Lachnospiraceae_bacterium_28-4	Bacteroides_ovatus	[Actinobacillus]_muris	[Pasteurella]_pneumotropica	Eubacterium_sp._WAL_18692	Ruminococcaceae_bacterium_AM2	Blautia_coccoides
Chow. 1	0	0	3.03E-05	0.00012137	7.59E-05	0	0	0	0	0.000106199
Chow. 2	0	1.52E-05	0.000166884	0	7.59E-05	0	0	0	0	0.000106199
Chow. 3	0	0	1.52E-05	0.000333768	0.001137846	0	0.000622023	0	0	0.00012137
Chow. 4	0	0	0.000136542	0.001395758	0.000257912	0	0	0	0	0.000422796
PC. 1	0.00012137	0.00059168	0.000166884	0	0.000409625	0.000303426	0.000227569	0	0.000455139	6.07E-05
PC. 2	0.002821859	0.001577814	0.00094062	1.52E-05	0.000652365	0.001137846	0.001016476	0.000166884	0.00012137	0
PC. 3	3.03E-05	0.001107504	0.0015323	1.52E-05	0.000834421	4.55E-05	0	0.000485481	0.000439967	0
PC. 4	3.03E-05	0	0.000227569	0.000515824	0.00012137	0	1.52E-05	0.000515824	0.00012137	0

6.2.1　1 个矩阵内的相关性分析

小鼠肝功能相关临床指标主要包括血清中两个转氨酶水平（ALT、AST）及肝脏中 4 个炎症因子水平（IL-1、IL-6、TNF-α、TNF-β）。那么，AST 水平的升高是否与 IL-1 升高存在关联？这 6 个指标之间是否存在一定的关联？

6.2.1.1　获取及更改目录

getwd( )　#获取当前工作路径

修改工作路径时 Windows 系统与 Mac 系统稍有不同，分别如下所示。

setwd（"~/Desktop/R"）# 修改 R 工作路径到 Mac 版本的指定目录

setwd（"C：/Users/Desktop/R"）# 修改 R 工作路径到 Windows 版本的指定目录

6.2.1.2　安装及加载包

install. packages（"corrplot"）# 安装 corrplot 程序包，仅第一次需要

library（corrplot）# 导入 corrplot 包后续作相关性热图

6.2.1.3　读取数据

由于用 liver 数据分别做一个矩阵及两个矩阵的相关性时，数据格式略有不同。将一个矩阵内部相关性分析时的 liver 数据命名为 "liver.1"，下一节中两个矩阵的相关性时依然用 "liver" 数据。

liver.1<-read. csv（"liver. 1. csv"，sep = "，"，header = T，stringsAsFactors = F）#导入 csv 格式的 liver 数据

liver.1<-data. frame（liver. 1）#用函数 data. frame( )将其变为数据框

str（liver. 1）#用命令 str( )考察其结构

6.2.1.4　计算相关矩阵

set. seed（7）# 设置随机种子使结果可重复

cor_Matrix<-cor（liver. 1）# 通过 cor( )函数计算相关系数矩阵

cor_Matrix# 查看相关矩阵结果

6.2.1.5　corrplot 函数介绍

在对相关矩阵进行热图可视化之前，我们需要对 R 包的 corrplot( )函数中的参数含义和如何设置有清晰的认识，以便能根据需求随时修改参数，从而得到自己喜欢的热图。

corrplot 描述

（1）corrplot 用法代码。

corrplot（

corr，

method = c（"circle"，"square"，"ellipse"，"number"，"shade"，"color"，"pie"），

type = c（"full"，"lower"，"upper"），

col = NULL，

col. lim = NULL，

bg = "white"，

```
title = " " ,
is. corr = TRUE ,
add = FALSE ,
diag = TRUE ,
outline = FALSE ,
mar = c ( 0 , 0 , 0 , 0 ) ,
addgrid. col = NULL ,
addCoef. col = NULL ,
addCoefasPercent = FALSE ,
order = c ( "original" , "AOE" , "FPC" , "hclust" , "alphabet" ) ,
hclust. method = c ( "complete" , "ward" , "ward. D" , "ward. D2" , "single" , "average" ,
"mcquitty" , "median" , "centroid" ) ,
addrect = NULL ,
rect. col = "black" ,
rect. lwd = 2 ,
tl. pos = NULL ,
tl. cex = 1 ,
tl. col = "red" ,
tl. offset = 0. 4 ,
tl. srt = 90 ,
cl. pos = NULL ,
cl. length = NULL ,
cl. cex = 0. 8 ,
cl. ratio = 0. 15 ,
cl. align. text = "c" ,
cl. offset = 0. 5 ,
number. cex = 1 ,
number. font = 2 ,
number. digits = NULL ,
addshade = c ( "negative" , "positive" , "all" ) ,
shade. lwd = 1 ,
shade. col = "white" ,
p. mat = NULL ,
sig. level = 0. 05 ,
insig = c ( "pch" , "p-value" , "blank" , "n" , "label_sig" ) ,
pch = 4 ,
pch. col = "black" ,
pch. cex = 3 ,
```

plotCI = c（"n"，"square"，"circle"，"rect"），

lowCI. mat = NULL，

uppCI. mat = NULL，

na. label = "?"，

na. label. col = "black"，

win. asp = 1，

...

）

（2）corrplot 参数。

corr	相关矩阵可视化，如果命令不是"原始的"，必须是平方。 对于一般矩阵，请使用 is. corr = FALSE 进行转换
method	字符，要采用相关矩阵的可视化方法。目前，它支持七种方法，分别命名为"圆"（默认值）、"正方形""椭圆""数字""派""阴影"和"颜色"。圆圈或正方形的面积表示相应的相关系数的绝对值。方法"派"和"阴影"来自 Michael Friendly's job（加上一些关于阴影的调整），而"椭圆"来自 D. J. Murdoch and E. D. Chow's job
type	字符，"full"（默认）、"上"或"下"，显示完整矩阵、下三角形或上三角形矩阵
col	向量，符号的颜色。它们在区间内均匀分布。 如果是. corr 为 TRUE 时，默认值为 COL2（'RdBu'，200）。如果是. corr 为 FALSE 且 corr 为非负或非正矩阵，默认值为 COL1（'YlOrBr'，200）；否则（元素部分为正，部分为负），默认值将为 COL2（'RdBu'，200）
col. lim	由 col 分配颜色的限制（x1, x2）间隔。如果为 NULL，col. lim 将为 c（-1, 1）。. corr 为 TRUE 时，col. lim 将为 c [min（corr），max（corr）]。注意：如果设置了 col. lim 时. corr 为 TRUE 时，分配的颜色仍然均匀分布在 [-1, 1] 中，它只影响 color-legend 的显示
bg	背景颜色
title	字符，图形的标题
is. corr	逻辑上，输入矩阵是否是一个相关矩阵。我们可以通过设置为. corr = false 来可视化非相关矩阵
add	逻辑上，如果为 TRUE，则将图形添加到现有的绘图中，否则将创建一个新绘图
diag	逻辑上，是否在主对角线上显示相关系数
outline	逻辑或字符，无论是圆形、方形和椭圆形的情节轮廓，或这些符号的颜色。对于饼，这表示勾勒饼的圆圈的颜色。如果 outline 为 TRUE，则默认值为"black"
mar	返回边框的宽度，返回值的单位为"lines"
addgrid. col	网格的颜色。如果 NA，则不要添加网格。如果为 NULL，则选择默认值。 默认值取决于方法，如果方法为 color 或 shade，则网格的颜色为 NA，即不绘制网格；否则"灰色"

addCoef. col	图中添加系数的颜色。如果为 NULL（默认值），则不添加系数
addCoefasPercent	逻辑上，是否将系数转换成百分比形式以节省空间
order	字符，相关矩阵的顺序方法。 ·"original" 表示原始顺序（默认）。 ·"AOE" 表示特征向量的角顺序。 ·"FPC" 表示第一个主成分顺序。 ·"hclust" 用于层次聚类排序。 ·"alphabet" 表示字母顺序
hclust. method	性质上，在命令为聚类时应采用聚类法。这应该是 "ward" "ward. D" "ward. D2" "single" "complete" "average" "mcquitty" "median" or "centroid"
addrect	整数，根据分层聚类在图上绘制矩形的数量，仅当命令为 hclust 时有效。如果为 NULL（默认值），则不添加矩形
rect. col	矩形边框的颜色，仅当 addent 大于或等于 1 时有效
rect. lwd	数字，矩形边框的线宽，仅当 addent 大于或等于 1 时有效
tl. pos	文本标签的字符或逻辑位置。如果是字符，则必须是 "It" "Id" "td" "d" 或 "n" 中的一个。"It"（默认 if type＝＝"full"）表示左侧和顶部，"Id"（默认 if type＝＝"lower"）表示左侧和对角线，"td"（默认 if type＝＝"upper"）表示顶部和对角线（附近），"I" 表示左侧，"d" 表示对角线，"n" 表示不添加文本标签
tl. cex	数值，用于文本标签（变量名）的大小
tl. col	文本标签的颜色
tl. offset	数字，关于文本标签
tl. srt	数值，有关文本标签字符串旋转的度数
cl. pos	字符或逻辑，颜色图例的位置；如果是字符，它必须是 "r"（类型＝＝"上" 或"满" 默认），"b"（类型＝＝"下" 默认）或 "n"，"n" 表示不要绘制颜色图例
cl. length	整数，传递给颜色图例的数字文本的数量。如果为 NULL，则长度（col）<＝20 时，实际长度为+1，长度（col）设置值>20 时，实际长度为 11
cl. cex	数字，颜色图例中的数字标签的 cex，传递给颜色图例
cl. ratio	数值，为了证明颜色图例的宽度，建议使用 0.1~0.2
cl. align. text	字符 "l" "c"（默认）或 "r"，对于颜色图例中的数字标签，"l" 表示左，"c" 表示中点，"r" 表示右
cl. offset	数字，对于颜色图例中的数字标签
number. cex	在将相关系数写入绘图时发送给文本调用的 cex 参数
number. font	在将相关系数写入绘图时，要发送给文本调用的字体参数
number. digits	指示要添加到绘图中的十进制位数。非负整数或 NULL，默认为 NULL
addshade	阴影样式的字符，"negative" "positive" 或 "all"，仅在方法为 "shade" 时有效。如果为 "all"，则所有相关系数的字形都将被遮蔽；如果是 "positive"，则只有正数会被遮蔽；如果是 "negative"，则只有负数部分会被遮蔽。注：阴线角度不同，正 45°，负 135°

续表

shade. lwd	数字，阴影的线的宽度
shade. col	阴影线的颜色
p. mat	矩阵的 P 值，如果 NULL，parameter sig. level、insight、pch、pch. col、pch. cex 无效
sig. level	显著水平，如果 p-mat 中的 P 值大于 sig. level，则认为相应的相关系数不显著。如果 insig 为 "label_sig"，则这可能是显著性水平的递增向量，在这种情况下，pch 将用于最高 P 值区间一次，并用于每个较低 P 值区间多次（例如 " * " " * * " " * * * "）
insig	字符、特殊的不显著相关系数、"pch"（默认值）"p 值" "blank" "n" 或 "label_sig"。如果为 "blank"，则擦去相应的符号；如果为 "p 值"，则添加对应符号的 "p-value"；如果为 "pch"，则在对应符号上添加字符；如果为 "n"，则不采取任何措施；如果为 "label_sig"，则标记与 pch 的显著相关性（参见同一组级别）
pch	在相关系数不显著的符号上添加字符（仅当 insg 为 "pch" 时有效）
pch. col	pch 的颜色（仅在 iscg 为 "pch" 时有效）
pch. cex	pch 的 cex（仅当 iscg 为 "pch" 时有效）
plotCI	特征，绘制置信区间的方法。如果为 "n"，则不要绘制置信区间。如果为 "rect"，则绘制其上边表示上界、下边表示下界的矩形。如果是 "circle"，首先绘制一个绝对边界较大的圆，然后绘制较小的圆。警告：如果这两个边界是相同的符号，则较小的圆将被擦去，从而形成一个环。方法 "square" 类似于 "circle"
lowCI. mat	置信区间下界的矩阵
uppCI. mat	置信区间上界的矩阵
na. label	用于渲染 NA 细胞的标签。默认值为 "?"。如果为 "square"，则单元格将呈现为具有 na. label. col 颜色的正方形
na. label. col	用于渲染 NA 细胞的颜色。默认值为 "black"
win. asp	整个情节的纵横比例。除 1 以外的值目前仅与方法 "circle" 和 "square" 兼容
...	传递给函数文本，以绘制文本标签的其他参数

（3）corrplot 参数的细节说明。

corrplot 函数为相关矩阵、置信区间矩阵下界和上界的可视化提供了灵活的方法。

（4）corrplot 参数值。

x, y	相关矩阵图上的位置
corr	一个用于绘图的重排序的相关矩阵
corrPos	一个具有 xName、yName、x、y、corr 和 p. value（如果 p. mat 不是 NULL）列的数据帧
arg	一些 corrplot（）输入参数的值的列表

6.2.1.6 绘制图形

看到这里相信很多读者已经对这么多的参数感到害怕了，其实，常规绘图无须用到这么多参数，我们只需要熟悉最重要的几个参数就能绘出自已心仪的相关热图。下面，我们用 corrplot( )函数完成几个常见图形的代码及图表。

（1）绘图样式。

#设置 method 参数可得到不同样式的热图，结果如图 6-1~图 6-5 所示。

corrplot （cor_Matrix，method = "number"）

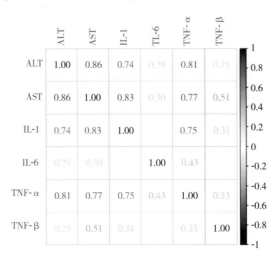

图 6-1　依据 number 方法绘制热图

corrplot （cor_Matrix，method = "color"，tl. col = "black"）

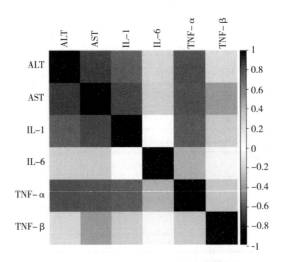

图 6-2　依据 color 方法绘制热图

corrplot （cor_Matrix，method = "circle"，tl. col = "black"）
corrplot （cor_Matrix，method = "square"，tl. col = "black"）
corrplot （cor_Matrix，method = "ellipse"，tl. col = "black"）

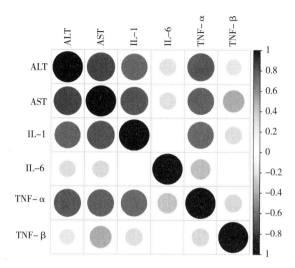

图 6-3　依据 circle 方法绘制热图

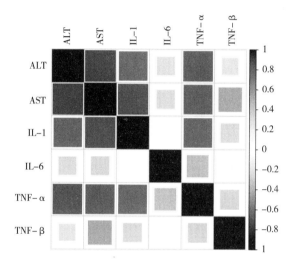

图 6-4　依据 square 方法绘制热图

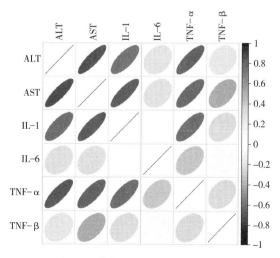

图 6-5　依据 ellipse 方法绘制热图

（2）绘图类型。将 type 参数设置为"lower"和"upper"可得到下三角和上三角的热图（我们接下来的演示都使用下三角类型）；相关系数的排序参数 order 有很多种，本章我们使用"AOE"（即特征向量角顺序）；diag 参数设置为"TRUE"或者"FALSE"，设为"TRUE"（默认）时，对角线处（相关系数都等于 1）的热图将被展示出来。代码如下：

#设置 order（排序）、type（类型）和 diag（对角线）参数，结果如图 6-6 ~ 图 6-9 所示。

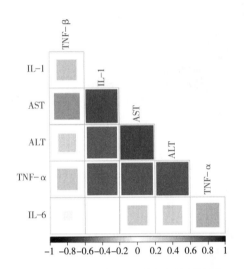

图 6-6　依据案例和相关条件绘制热图

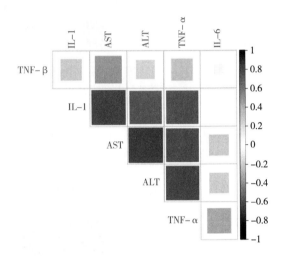

图 6-7　依据案例和相关条件绘制热图

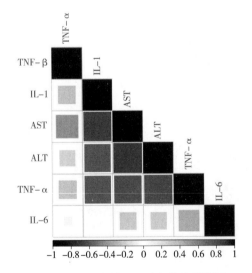

图 6-8　依据案例和相关条件绘制热图

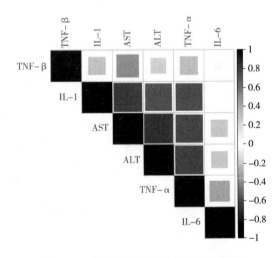

图 6-9　依据案例和相关条件绘制热图

corrplot（cor_Matrix，method＝'square'，order＝'AOE'，type＝'lower'，diag＝FALSE）

corrplot（cor_Matrix，method＝'square'，order＝'AOE'，type＝'upper'，diag＝FALSE）

corrplot（cor_Matrix，method＝'square'，order＝'AOE'，type＝'lower'，diag＝TRUE） corrplot（cor_Matrix，method =' square'，order =' AOE'，type =' upper'，diag = TRUE）

（3）混合不同样式热图。

#不同样式混合在一张图里，结果如图 6-10 所示。

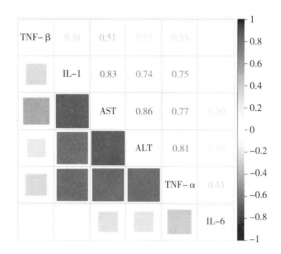

图 6-10　依据案例和相关条件绘制热图

corrplot. mixed（cor_Matrix，lower =" square"，upper =" number"，order =" AOE"，tl. col =" black"）

如若想在同一个图中同时展示两种样式，可以通过 corrplot 包中的 corrplot. mixed（）函数完成，此时无须设置 method 参数，分别对 lower 和 upper 两个参数进行设置即可。

（4）据排序结果为热图添加矩形框。

#根据排序结果在图中画矩形框，结果如图 6-11 和图 6-12 所示。

corrplot（cor_Matrix，method =" square"，order =" hclust"，addrect = 2，diag = TRUE，tl. col =" black"）

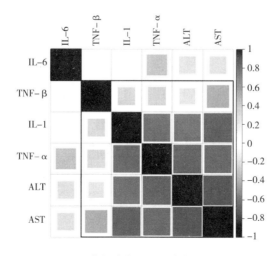

图 6-11　依据案例和相关条件绘制热图

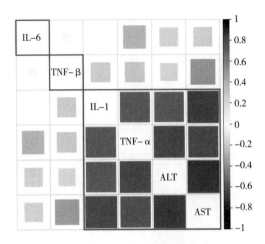

图 6-12　依据案例和相关条件绘制热图

corrplot（cor_Matrix，method="square"，order="hclust"，addrect=3，rect.col="blue"，rect.lwd=3，tl.pos="d"，diag=FALSE，tl.col="black"）

通过设置 addrect 参数=2 绘出 2 个矩形框，结果为图 6-11。只有当 order 参数为"hclust"时才能命名 addrect 参数。

通过设置 addrect=3 绘出 3 个矩形框；同时加入参数 rect.col="blue" 可将矩形框设为蓝色；用 rect.lwd 参数来设置矩形框的线宽；tl.pos="d" 表示将变量名标签的位置设在对角线处，结果为图 6-12。

（5）修改颜色。

可利用 colorRampPalette( )函数进行颜色设置。在 corrplot 函数中使用 col 参数映射颜色，col_set（100）中的 100 表示把颜色按设置的"嫩绿—天蓝"以 100 等分渐变。

#修改颜色，如图 6-13 所示。

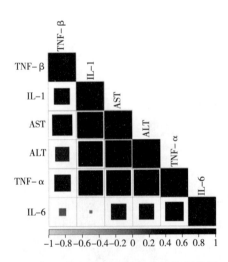

图 6-13　依据案例和相关条件绘制热图

col_set<-colorRampPalette（c（"wheat"，"seagreen"，"darkred"），alpha=TRUE）

corrplot（cor_ Matrix，method = " square "，type = " lower "，order = " AOE "，col = col _ set
（100），tl. col = " black " ）

（6）文本字体字号和图例设置。

corrplot（cor_Matrix，method = " square "，type = " lower "，order = " hclust "，col = col_set（100），
tl. cex = 0. 9，tl. col = " black "，tl. srt = 20，addgrid. col = " grey70 "，outline = " grey60 "，cl. length = 5）

tl. cex = 0. 9 设置文本标签的字号为 0. 9；tl. col = black 设置文本颜色为黑色；tl. srt = 20 表
示对角线处的文本倾斜 20 度；addgrid. col = " grey70 " 表示把网格线颜色设成 70% 的灰度；
outline = " grey60 " 则表示为图中每个小方块添加 60% 灰度的轮廓线；cl. length = 5 表示将图例
的值域设成 5 个点显示，默认为变量数 +2。结果如图 6-14 所示。

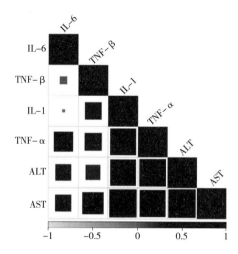

图 6-14　依据案例和相关条件绘制热图

（7）在图中显示相关系数。

#添加显著性标记：使用 cor. mtest 做显著性检验

test1 <-cor. mtest（liver，conf. level = . 95）

test2 <-cor. mtest（liver，conf. level = . 99）

#提取 p 值矩阵

p. mat = test1$p

corrplot（cor_ Matrix，method = " square "，type = " lower "，order = " hclust "，col = col _ set
（100），tl. cex = 0. 9，tl. col = " black "，tl. srt = 20，addgrid. col = " grey70 "，outline = " grey60 "，
cl. length = 5，p. mat = test1$p，sig. level = 0. 05，addCoef. col = " black "，number. digits = 2，
number. font = 1，insig = " n " ）

先用 cor. mtest（ ）函数进行显著性检验，显著性水平可以设置 0. 05、0. 01 和 0. 001，然后
通过参数 p. mat 提取显著性水平 P 值矩阵。sig. level = 0. 05 表示显著性水平为 0. 05；
addCoef. col = " black " 表示添加到图中的相关系数为黑色；number. digits = 2 表示相关系数保
留 2 位小数点；number. font = 1 表示设置字体。其中 insig = n 时，表示在统计检验结果不显著
的相关系数处不做设置，设置为 " pch " 时显示 × 号，参数 insig 设为 " blank " 时显示空白，结
果分别如图 6-15 ~ 图 6-17 所示。

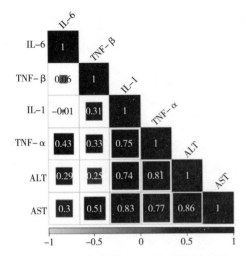

图 6-15　依据案例和相关条件绘制热图

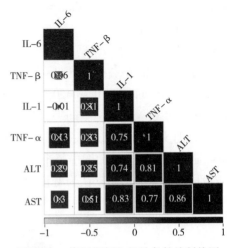

图 6-16　依据案例和相关条件绘制热图

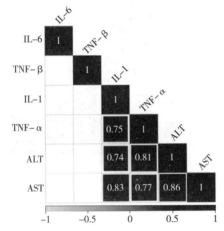

图 6-17　依据案例和相关条件绘制热图

cor. mtest 描述

为每对输入特征产生 P 值和置信区间的显著性检验。

①cor. mtest 用法代码。

cor. mtest（mat，...）

②cor. mtest 参数。

mat	大小为 N×F 的输入矩阵，N 行表示样本，F 列表示特征
...	传递给函数 cor. test 的其他参数，例如 conf. level = 0. 95

③cor. mtest 参数值。

p	大小为 F×F 的方阵，以 P 值作为单元格
lowCI	大小为 F×F 的平方矩阵，每个单元格表示置信区间的下部
uppCI	大小为 F×F 的平方矩阵，每个单元格表示置信区间的上部

（8）添加显著水平符（＊）和渐变颜色数字。

若想要在图中标注显著性符号和渐变颜色的相关系数，则需要安装 ggcorrplot 包，主要利用包内 cor_pmat（）函数来计算相关矩阵，结果如图 6-18 所示。代码如下：

#安装并载入 ggcorrplot 包

install. packages（"ggcorrplot"）

library（ggcorrplot）

#计算相关系数矩阵，round( )函数对结果取小数点后 2 位

cor_Matrix<-round（cor（liver, method＝"pearson"），2）

#查看相关矩阵输出结果

cor_Matrix

#提取 P 值矩阵

p. mat_Matrix <-round（cor_pmat（liver, method＝"pearson"），2）

col_set<-colorRampPalette（c（"#77C034"，"white"，"lightskyblue"），alpha＝TRUE）

#先绘制相关系数数字样式的热图

corrplot（cor_Matrix, method＝"number"，order＝"AOE"，tl. cex＝0. 9，tl. pos＝"tp"，tl. col＝"black"，col＝col_set（100））

#绘制下三角方块样式的热图并使用 add 参数把下三角热图添加到系数数字热图中（组合）（图 6-19）

corrplot（cor_Matrix, method＝"square"，type＝"lower"，order＝"AOE"，add＝TRUE，diag＝TRUE，col＝col_set（100），tl. cex＝0. 9，tl. col＝"black"，tl. pos＝"n"，cl. pos＝"r"，cl. length＝5，addgrid. col＝"grey70"，outline＝"grey60"，p. mat＝p. mat_Matrix, insig＝"label_sig"，sig. level＝c（0. 01，0. 05），pch. cex＝1，pch. col＝"black"）

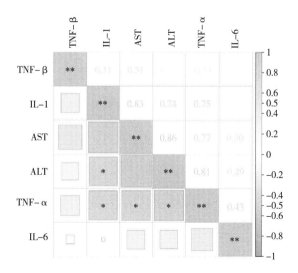

图 6-18　依据案例和相关条件绘制热图

6.2.2　两个矩阵之间的相关性分析

为了探究本实验中摄入卵磷脂后小鼠肝脏功能变化与肠道菌群组成变化之间的联系，我们将分析肝脏相关的 6 个临床指标和 10 个差异菌群组成的相关性。代码如下，结果如图 6-19 所示。

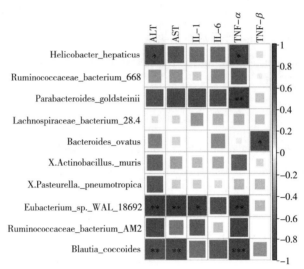

图 6-19　依据案例和相关条件绘制热图

6.2.2.1　获取及更改目录

getwd()#获取当前工作路径

修改工作路径时 Windows 系统与 Mac 系统稍有不同，分别如下所示。

setwd（"C：/Users/Desktop/R"）# 修改 R 工作路径到 Windows 版本的指定目录

setwd（"~/Desktop/R"）# 修改 R 工作路径到 Mac 版本的指定目录

6.2.2.2　安装及加载包

library（ggplot2）;

library（reshape2）;

library（psych）;

library（pheatmap）;

library（corrplot）

6.2.2.3　读取数据

var1<-read.csv（"liver.csv"，row.names=1，encoding="utf-8"）

var2<-read.csv（"micro.csv"，row.names=1）

6.2.2.4　计算相关矩阵

double_cor<-function（data1，data2，wid，hei）{

　r<-matrix（NA，ncol=ncol（data1），nrow=ncol（data2））

　p<-matrix（NA，ncol=ncol（data1），nrow=ncol（data2））

　sig<-matrix（NA，ncol=ncol（data1），nrow=ncol（data2））

```
r<-as. data. frame（r）
p<-as. data. frame（p）
sig<-as. data. frame（sig）
    for（i in 1：ncol（data1））｛
        for（j in 1：ncol（data2））｛
            name1<-colnames（data1）［i］
            name2<-colnames（data2）［j］
            res<-corr. test（data1［, i］, data2［, j］, method=' spearman'）
            r［j, i］<-  res$r
            p［j, i］<-  res$p
            colnames（r）［i］<-name1
            rownames（r）［j］<-name2
            colnames（p）［i］<-name1
            rownames（p）［j］<-name2
        ｝
    ｝

    for（m in 1：ncol（p））｛
        for（n in 1：nrow（p））｛
            if（p［n, m］>= 0. 05）sig［n, m］<-"
            else if（p［n, m］>= 0. 01 & p［n, m］<0. 05）sig［n, m］<-' *'
            else if（p［n, m］>= 0. 001 & p［n, m］<0. 01）sig［n, m］<-' * *'
            else if（p［n, m］<0. 001）sig［n, m］<-' * * *'
            colnames（sig）<-colnames（p）
            rownames（sig）<-rownames（p）
        ｝
    ｝
result<-list（r=r, p=p, sig=sig）
pdf（"热图. pdf", width=wid , height=hei）
corrplot（corr=as. matrix（r）,
        method=' square',
        col=colorRampPalette（c（"red", "white", "blue"））（100）,
        number. cex=0. 8,
        tl. col="black",
        #diag=FALSE,
        tl. cex=0. 8,
        p. mat =  as. matrix（p）,
        sig. level=c（0. 001, 0. 01, 0. 05）,
        insig="label_sig",
```

```
        pch. cex = 1. 2,
        pch. col = "black" )
dev. off( )
}
```

6. 2. 2. 5　绘制图形（图 6-19）
```
gg<-double_cor（var1，var2，10，5）
```

6.3　练习题

请使用 mtcars 内置数据集进行练习。

6.4　参考文献

［1］张杰 . R 语言数据可视化之美：专业图表绘制指南（增强版）［M］. 北京：电子工业出版社，2019.

［2］Robert I. Kabacoff. R 语言实战［M］. 高涛，肖楠，陈钢 . 译 . 北京：人民邮电出版社，2013.

［3］石尚轩 . 科技与狠活系列/双相关性热图［EB/OL］. R 语言分析作图，2022-11-1［2023-8-20］.

第7章 基于 rsm 的响应面分析

7.1 rsm 简介

在工作中，常需要研究响应变量 y 如何依赖自变量 x 而发生变化，进而找出最优的 x 变量设置，使响应变量 y 达到最优值（最大或者最小）。如果自变量的个数较少（3 个及以下），响应曲面方法（response-surface methodology，RSM）就是很合适的方法。它是将体系的响应变量 y（如天然产物提取过程中的提取率）作为一个或多个因素（如料液比、温度及 pH 等）的函数，运用图形技术将这种函数关系显示出来，以供我们凭借直觉的观察来选择试验设计中的最优参数。要构造这样的响应面并进行分析以确定最优条件或寻找最优区域，首先需利用合理的试验设计方法并通过试验得到一定数据，采用多元二次回归方程拟合因素与响应值之间的函数关系，通过分析回归方程进行自变量的合理取值，求得最优值。

目前 SAS 软件、SPSS 软件、Design-Expert 软件、Minitab 软件均可完成响应面分析，但 R 语言的响应面分析更为简便快捷。R 语言中的 rsm 包最新版本是 2.10.3，是在 Lenth（2009）版本基础上更新而成。

7.1.1 中心复合设计

中心复合设计（central composite design，CCD）是应用最为广泛的响应面实验设计方法。以下以 3 因素（料液比、温度及 pH）3 水平为例进行解释，实验因素和水平设计如下。叙述中给出的坐标都假定各因子已代码化。

经典的 CCD 由三部分试验点构成（图 7-1）：

（1）立方体点（或角点），为图中黑色的点。各点坐标皆为 1 或 -1，即 A、B、C 三个因素均取 1 或者 -1，共 $2^3 = 8$ 个点。

（2）中心点，为图中灰色的点。各点的各维坐标皆为 0。即 $A_0B_0C_0$，共 1 个。

（3）星号点（或轴点），为图中星号点。除一个自变量坐标为 +1 外，其余自变量坐标皆为 0。在 3 个因子情况下，共有 2×3=6 个星号点。

表 7-1 展示了 CCD 实验所需点数。

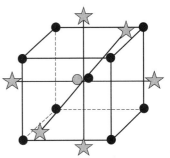

图 7-1 中心复合设计图

表 7-1　不同因素数的 CCD 实验所需点数

因素数	立方体点	星号点	中心点	总数
2	4	4	5	13
3	8	6	6	20
4	16	8	6	30

CCD 描述

它们允许灵活地选择复制、混叠预测和分数块，以及选择轴或"星形"点。

（1）CCD 用法代码。

cube（basis，generators，n0 = 4，reps = 1，coding，randomize = TRUE，blockgen，bid = 1，inscribed = FALSE）

star（basis，n0 = 4，alpha = "orthogonal"，reps = 1，randomize = TRUE）

dupe（design，randomize = TRUE，coding）

foldover（basis，variables，bid，randomize = TRUE）

ccd（basis，generators，blocks = "Block"，n0 = 4，alpha = "orthogonal"，wbreps = 1，bbreps = 1，randomize = TRUE，inscribed = FALSE，coding，oneblock = FALSE）

（2）CCD 参数。

basis	在 cube 和 ccd 中，表示变量数量的公式或整数。如果公式有左侧，则在左侧命名的变量将被附加到设计中并初始化为 NA。在星型、双星型和折叠型中，基是编码的。要用作引用的数据对象
generators	生成别名变量的可选公式或公式列表
n0	给出中心点数目的整数。在 ccd 中，这可以是两个数字的向量，分别表示立方体块和星形块的中心点数量
reps	立方体或星形的整数复制数（这不会创建复制块；使用 djoin 来完成）
coding	设计变量（基和生成器）的编码公式列表。在 dupe 中，编码可以用来改变编码公式，例如在我们想要使用与之前相同的设计但将它放在其他地方的情况下
randomize	决定是否随机化设计的逻辑值。在 ccd 中，每个块分别随机化
blockgen	公式、字符串或其列表每个元素都被评估，不同的组合定义了设计的小块。与 ccd 不同，cube 只返回这些块中的一个
bid	（用于块 ID）要返回的小数块的整数索引（从 1 到块数）。索引由区块生成器的标准排序定义；例如，如果 blockgen 的长度为 2，则（1，2，3，4）的出价值分别对应于生成的（--，+-，-+，++）级别
inscribed	逻辑值。如果为 FALSE，则立方体点在每个变量中的位置为 +/- 1。如果为 TRUE，则整个设计按比例缩小，使轴点位于 +/- 1，立方体点位于内部位置。仅在立方体中，内切可以给定一个数值：使用添加轴点时预期的 alpha 值；或者使用"内接 = TRUE"按预期"alpha = "球面""时进行缩放

alpha	如果是数字则为"star"点的位置。也可能是匹配或部分匹配以下内容之一的字符串： "orthogonal"定位星形点，以正交方式阻挡设计 "rotatable"选择星形点使设计可旋转 "spherical"星形点与设计角的距离相同 立方（α 是设计系数的平方根） "faces"星点以面为中心（与"alpha = 1"相同） 如果希望改变它们，用户可以指定 alpha 的矢量值。这些值会根据需要循环旋转
design	一个编码。要复制的数据对象
blocks	字符串或公式。如果是字符串，它是阻塞因子的名称；如果是公式，则左侧用作阻塞因子的名称，右侧的公式用于生成单独的分数块
variables	要折叠的变量名的字符向量
wbreps	块内复制的次数。如果这是一个长度为 2 的向量，那么"cube"和"star"块分别使用不同的数字
bbreps	块间重复的次数（即每个块的重复次数）。如果这是一个长度为 2 的向量，那么"cube"和"star"块分别使用不同的数字
oneblock	合乎逻辑。如果为真，则去除阻塞因素，整个设计作为单个块被随机化。请注意，默认的中心点数量可能比您预期的要多，因为它们是组合在一起的

（3）CCD 细节。

中心复合设计（CCD）是响应面探索中常用的设计。它们是由至少一个"cube"区组（两级阶乘或部分阶乘，加上中心点）和至少一个"star"区组（沿每个轴在 $-\alpha$ 和 $+\alpha$ 位置的点）加上中心点组成的区组设计。一切都放在一个编码的标尺上，其中设计的立方体部分每个变量的值为 -1 和 1，中心点为 0。

ccd 功能创建一个完整的 CCD 设计；然而，在实践中，我们通常只从"cube"部分开始，然后从那里开始构建。因此，提供了函数 cube、star、dupe 和 foldover，并且可以使用 djoin 来组合它们。

在 cube 和 ccd 中，basis 参数决定了创建立方体块的基本设计。例如，"cube（basis = ~A+B+C）"将生成 8 个阶乘点加上中心点的基本设计。如果你想在分数设计中增加变量，可以使用生成器，例如，将"generators = c（D ~ -A * B，E ~ B * C）"添加到上述内容中，将生成具有定义关系 I = -ABD = BCE = -ACDE 的 5 因素设计。为方便起见，basis 可以是一个整数而不是公式，在这种情况下，默认变量名为 x1，x2，…使用，例如，"cube（3，~ -x1 * x2 * x3）"生成一个带有添加中心点的 1/2 分数设计。

如果你想把立方体点分成小块，在 cube 的 blockgen 参数或 ccd 的 blocks 参数中给出公式。例如，假设我们调用"cube（basis = A+B+C+D+E''generators = F ~ A * C * D）"。本设计有 32 次运行；但添加参数"blockgen = c（"A * B * c"，"c * D * E"）"将创建一个 32/4 = 8 次运行的分数块。立方体灵活；我们可以用一个公式来代替，"blockgen = ~ c（a * B * c，c * D * E）"或"blockgen = c（~ a * B * c，~ c * D * E）"。中心点被添加到指定的每个块。在

对具有相同基础和生成器的 ccd 的调用中，添加 "blocks = Day ~ c（a * B * c, c * D * E）" 将做同样的事情，只有所有 4 个块将被包括在内，并且名为 Day 的因子区分块。

函数 star、dupe 和 foldover 提供了基于现有设计创建新设计块的功能。它们还提供延迟求值：如果缺少 basis 参数，这些函数只是返回调用，djoin 将填充 "basis = design1" 并对其求值。

Dupe 只是复制设计，然后重新随机化。因此，这也是重新随机化设计的一种方便方法。如果提供了编码，编码公式也会被替换，例如，重新居中设计。

使用 star 生成星形（轴）点，由中心点加上每个坐标轴上的 +/- alpha 点组成。您可以指定您想要的 alpha，或者指定要满足特定条件的字符参数。例如，使用延迟求值，"ccd1 = djoin（cube1, star（alpha = "sph"））" 将返回一个 CCD，其中 cube1 作为立方体块，并且轴点与立方体的角的距离相同。

在 star 中，正交性和可旋转性的确定是基于计算的设计基矩，而不是关于设计结构的任何假设。因此，可以增加不寻常的设计以获得可旋转的设计。同样，如果请求一个正交星形块，如果需要满足条件，则 alpha 的值可以在轴与轴之间变化。

折叠可以反转一个或多个设计变量（即那些编码的变量）的级别。默认情况下，它会将它们全部反转。但是，如果提供了 bid 参数，它将返回 cube 将生成的第 bidth 分数块。也就是说，"foldover（des, bid = 3）" 相当于 "cube（, bid = 3）"——只是它通过在适当的因子上折叠而更有效。

在可操作性区域存在约束的情况下，您可能希望指定铭刻 = TRUE。这将缩小设计，使编码值不超过 1。如果使用从 cube 开始的一阶设计的构建块方法，则调用具有内嵌集的 cube 为 alpha 的预期值，或者使用 "内嵌 = TRUE"，然后在随后的 star 调用中使用 "alpha = "spherical""。

ccd 产生一个完整的 ccd。在实践中，使用 cube、star 等构建块方法通常更可取，但 ccd 的存在是为了方便和向后兼容 2.00 之前版本的 rsm。许多参数与 cube 中的相同；然而，不同的是，wbreps, bbreps 可以是单个值或向量，如果是向量，第一个元素是立方体部分，第二个元素是星形部分。在 ccd 中，指定 wbreps 等同于在调用 cube 或 star 时指定 rep。bbreps 表示实验中的复制块，因此 "bbreps = c（2, 3）" 指定我们连接两个立方体块和三个星点块。

如果在新设计中没有指定编码，则会创建默认标识编码，例如 "x1 ~ x1. as. is"。

7.1.2 Box-Behnken 设计

Box-Behnken Design（BBD）适用的区域为球形区域，而非方形区。对于无法获得立方体顶点的实验，CCD 更适合。所需实验点数比 CCD 法要少，因素为 3 时，实验次数为 12+3 = 15；因素为 4 时，实验次数为 24+3 = 27。但是该设计无续贯性，每批实验都需要重新做，所以 BBD 设计应用较少。

BBD 描述

这个函数可以生成 3~7 个因素的 Box-Behnken 设计，如果有 4 或 5 个因素，可以选择将其正交阻塞。它也可以随机化设计。

（1）BBD 用法代码。

bbd（k，n0 = 4，block =（k == 4 ｜ k == 5），randomize = TRUE，coding）

（2）BBD 参数。

k	给出变量数量的公式或整数。如果公式有左侧，则在左侧命名的变量将被附加到设计中并初始化为 NA
n0	每个块的中心点数目
block	指定是否阻塞设计的逻辑值；或一个字符串（取为 TRUE），为阻塞因子提供所需的名称。只有含有 4 或 5 个因子的 bbd 才能被阻断。4 因子 BBD 有三个正交块，5 因子 BBD 有两个
randomize	决定是否随机化设计的逻辑值。如果 block 为 TRUE，则每个块分别随机化
coding	可选的公式列表。如果提供了这个，它将覆盖默认的编码公式

（3）BBD 细节。

Box-Behnken 设计（BBDs）是拟合二阶响应面模型的有效设计。

他们只使用 3 个层次的每个因素（相比之下，中央复合设计需要 5 个层次），有时比 CCD 需要更少的运行。该函数使用 bbd 的内部表；它只适用于 3~7 个因子。

如果将 k 指定为公式，则公式中的名称决定生成设计中各因素的名称。否则，名字就是 x1、x2、…如果未指定编码，则以 "x ~ x. as. is" 的形式创建默认编码。

7.2 CCD 法实验方案设计及数据分析

本次实验以 10 g 牡丹籽粉末为原料，以正己烷为提取溶剂，利用所示提取法进行牡丹籽油的提取。取料液比、温度及时间这 3 个因素，每个因素有 3 个水平，以提取率（％）为响应值。实验因素及水平设计如表 7-2 所示。

表 7-2 实验因素及水平

水平	因素		
	x1 料液比/（mL/g）	x2 温度/℃	x3 时间/h
−1	9	50	70
0	12	60	90
1	15	70	110

7.2.1 更改目录并安装、加载 rsm 包

getwd( )#获取及更改目录

修改工作路径时 Windows 系统与 Mac 系统稍有不同，分别如下所示。

setwd（"~/Desktop/R"）#修改 R 工作路径到 Mac 版本的指定目录

setwd（"C：/Users/Desktop/R"）　#修改 R 工作路径到 Windows 版本的指定目录

install. packages（"rsm"）#安装包

library（rsm）#加载包

7.2.2　试验方案的设计

在 R 语言中，rsm 扩展包中的 ccd( )、cube( )及 star( )函数均可实现中心复合试验方案的设计。下面我们以上述牡丹籽油的提取为例，利用 ccd( )函数具体来设计 3 因素 3 水平的实验方案。

ccd. design<-ccd（3，n0 = 3，alpha ="rotatable"，coding = list（x1 ~（A−12）/3，x2 ~（B−60）/10，x3 ~（C−90）/20），inscribed=FALSE，oneblock=TRUE，randomize=FALSE）

#设计 3 因素 3 水平的 CCD 实验方案

#旋转性 alpha 设置为 rotatable

#随机性设置为 FALSE

View（ccd. design）#查看数据，结果如表 7-3 所示。

表 7-3　3 因素 3 水平 CCD 实验设计方案

序号	Run. order	Std. order	x1	x2	x3
1	1	1	−1	−1	−1
2	2	2	1	−1	−1
3	3	3	−1	1	−1
4	4	4	1	1	−1
5	5	5	−1	−1	1
6	6	6	1	−1	1
7	7	7	−1	1	1
8	8	8	1	1	1
9	9	9	0	0	0
10	10	10	0	0	0
11	11	11	0	0	0
12	1	1	−1. 681793	0	0
13	2	2	1. 681793	0	0
14	3	3	0	−1. 681793	0
15	4	4	0	1. 681793	0
16	5	5	0	0	−1. 681793
17	6	6	0	0	1. 681793
18	7	7	0	0	0
19	8	8	0	0	0
20	9	9	0	0	0

7.2.3 实施试验并录入结果 y

y<-c （33.4, 32.3, 35.4, 33.3, 33.4, 32.2, 36.4, 34.5, 35.5, 35.4, 35.5, 35.8, 33.4, 32.4, 35.8, 32.7, 34.0, 35.4, 35.4, 35.3）

ccd. design$y<-y

View （ccd. design）#查看数据，结果如表 7-4 所示。

表 7-4 3 因素 3 水平 CCD 实验结果

序号	Run. order	Std. order	x1	x2	x3	y
1	1	1	−1	−1	−1	33.4
2	2	2	1	−1	−1	32.3
3	3	3	−1	1	−1	35.4
4	4	4	1	1	−1	33.3
5	5	5	−1	−1	1	33.4
6	6	6	1	−1	1	32.2
7	7	7	−1	1	1	36.4
8	8	8	1	1	1	34.5
9	9	9	0	0	0	35.5
10	10	10	0	0	0	35.4
11	11	11	0	0	0	35.5
12	1	1	−1.681793	0	0	35.8
13	2	2	1.681793	0	0	33.4
14	3	3	0	−1.681793	0	32.4
15	4	4	0	1.681793	0	35.8
16	5	5	0	0	−1.681793	32.7
17	6	6	0	0	1.681793	34.0
18	7	7	0	0	0	35.4
19	8	8	0	0	0	35.4
20	9	9	0	0	0	35.3

7.2.4 多项式回归分析

CCD 试验数据可通过回归模型进行统计分析。R 语言的 rsm 扩展包中的 rsm（）函数可对数据进行一阶、二阶回归模型拟合，也给出了回归系数的 t 检验、回归模型的方差分析等统计检验结果。

本例中将对数据进行二阶回归模型拟合，代码如下。如需拟合一阶回归模型，仅需将 SO（x1, x2, x3）改为 FO（x1, x2, x3）即可。

SO. ccd<-rsm （y~SO （x1, x2, x3）, data＝ccd. design）

summary （SO. ccd）

图 7-2 内容首先给出了回归模型的类型及回归系数。可根据回归系数得出二阶回归方程：

```
Call:
rsm(formula = y ~ SO(x1, x2, x3), data = ccd.design)

             Estimate Std. Error  t value   Pr(>|t|)
(Intercept) 35.418902   0.045841 772.6426 < 2.2e-16 ***
x1          -0.756858   0.030415 -24.8847 2.511e-10 ***
x2           1.026451   0.030415  33.7486 1.234e-11 ***
x3           0.313859   0.030415  10.3194 1.191e-06 ***
x1:x2       -0.212500   0.039739  -5.3474 0.0003248 ***
x1:x3        0.012500   0.039739   0.3146 0.7595640
x2:x3        0.287500   0.039739   7.2348 2.808e-05 ***
x1^2        -0.303347   0.029608 -10.2455 1.272e-06 ***
x2^2        -0.480124   0.029608 -16.2161 1.649e-08 ***
x3^2        -0.745289   0.029608 -25.1720 2.243e-10 ***
---
Signif. codes:  0 '***' 0.001 '**' 0.01 '*' 0.05 '.' 0.1 ' ' 1

Multiple R-squared:  0.9965,    Adjusted R-squared:  0.9933
F-statistic: 312.5 on 9 and 10 DF,  p-value: 4.722e-11

Analysis of Variance Table

Response: y
                Df  Sum Sq Mean Sq F value    Pr(>F)
FO(x1, x2, x3)   3 23.5573  7.8524 621.5683 1.166e-11
TWI(x1, x2, x3)  3  1.0237  0.3412  27.0120 4.126e-05
PQ(x1, x2, x3)   3 10.9501  3.6500 288.9225 5.200e-10
Residuals       10  0.1263  0.0126
Lack of fit      5  0.0980  0.0196   3.4588   0.09971
Pure error       5  0.0283  0.0057

Stationary point of response surface:
        x1         x2         x3
-1.8045996  1.6203829  0.5079654

Stationary point in original units:
        A          B          C
 6.586201  76.203829 100.159308

Eigenanalysis:
eigen() decomposition
$values
[1] -0.2465045 -0.4691908 -0.8130643

$vectors
        [,1]       [,2]       [,3]
x1  0.8716710 -0.4800328 -0.09878367
x2 -0.4737226 -0.7736068 -0.42085559
x3 -0.1256048 -0.4136437  0.90173298
```

图 7-2　回归拟合结果展示

$$y = 35.42 - 0.76x1 + 1.03x2 + 0.31x3 - 0.21x1x2 + 0.01\ x1x3 + 0.29x2x3 - 0.30x1^2 - 0.48x2^2 - 0.74x3^2$$

其中 y 为提取率的预测值，x1，x2，x3 为编码变量，与实际因素料液比、温度和时间之间存在换算关系。

rsm 描述

拟合一个具有响应面分量的线性模型，并产生适当的分析和总结。

（1）rsm 用法代码。

rsm（formula，data，...）

S3 method for class "rsm"

summary（object，adjust = rev（p. adjust. methods），...）

S3 method for class "summary. rsm"

print（x，...）

S3 method for class "rsm"

codings（object）

loftest（object）

canonical（object，threshold = 0.1 * max. eigen）

xs（object，...）

（2）rsm 参数。

formula	公式将传递给 lm。该模型必须包含至少一个 FO( )、SO( )、TWI( )或 PQ( )项，以定义模型的响应面部分
data	要传递给 lm 的数据参数
...	在 rsm 中，传递给 lm、sumut. lm 或规范的参数。总之，附加的参数会被传递给它们的通用方法
object	类 rsm 的一个对象
adjust	调整以适用于系数矩阵中的 P 值，从统计包中可用的 p. adjust 方法中选择。默认值为"none"
threshold	典型分析的阈值
x	由总结产生的对象

（3）rsm 细节描述。

在 rsm 中，模型公式必须至少包含一个 FO( )项；您还可以选择添加一个或多个 TWI( )项和/或一个 PQ( )项。在 TWI 或 PQ 中出现的所有变量都必须包含在 FO 中。为方便起见，指定 SO( )与包括 FO( )、TWI( )和 PQ( )是相同的，并且是指定一个完整的二阶模型的一种安全的、首选的方法。

FO 中的变量包括在响应面方法中需要考虑的变量。它们不需要都出现在 TWI 和 PQ 参数中；并且允许一个以上的 TWI 参数。例如，以下两个模型公式是等价的：

resp ~ Oper+FO（x1, x2, x3, x4）+TWI（x1, x2, x3）+TWI（x2, x3, x4）+PQ（x1, x3, x4）

resp ~ Oper+FO（x1, x2, x3, x4）+TWI（formula = ~ x1 * x2 * x3+x2 * x3 * x4）+PQ（x1, x3, x4）

然而，第一个版本创建了重复的 x2：x3，但如果它随后被用于预测或绘制在 contour. lm 中，可能会有警告消息。在 summary. rsm 中，除阈值外，任何被传递给 summary. lm 的参数也传递给了 canonical。

（4）rsm 参数值。

order	模型的顺序：1 表示一阶，1.5 表示一阶加交互，或者对于包含平方项的模型为 2
b	一阶响应面系数
B	二阶响应面系数矩阵，如果存在的话
labels	响应面项的标签。这些都使得总结更具可读性
coding	编码公式，如果在编码参数中提供，或者传递给 lm 的数据参数是一个 coded. data 对象

7.2.5　最优解

回归分析的输出结果也给出了所拟合二阶回归方程的响应面驻点信息，本例中为（x1, x2, x3）分别取编码值（-1.8045996, 1.6203829, 0.5079654），即 A、B、C 分别为 6.586201, 76.203829, 100.159308。同时输出结果也给出了该点的特征根值 Eigenanalysis。如果特征根值均小于 0，说明驻点是最大值；若特征根值均大于 0，说明驻点为最小值；若特征根同时存在大于 0 和小于 0 的值，那么给出的驻点为鞍点。

例子中驻点的 3 个特征根分别为 -0.2465045, -0.4691908, -0.8130643，均为负数，表明驻点为最大值。因此，只需要将驻点位值代入二阶回归模型，即可求出回归模型的最大值。

7.2.6　曲面图观察

实际中也可通过图形分析响应面试验数据，R 语言基础安装包 graphics 中的 contour（）和 persp（）函数可分别绘制等高线图和响应面图。

本例子中，如下代码的前 3 行分别绘制因素 A 与 B、B 与 C、A 与 C 对试验指标影响的等高线图（图 7-3~图 7-5）。后 3 行分别绘制因素与 A 与 B、A 与 C、B 与 C 对试验指标影响的响应面图（图 7-6~图 7-8）。其中，contours 参数可设置为 bottom 或者 top。bottom 表示将等高线投影在底部，top 表示将等高线投影在顶部。

```
contour（SO. ccd, x1 ~ x2, at = xs（SO. ccd））
contour（SO. ccd, x2 ~ x3, at = xs（SO. ccd））
contour（SO. ccd, x1 ~ x3, at = xs（SO. ccd））
persp（SO. ccd, x1 ~ x2, at = xs（SO. ccd））
```

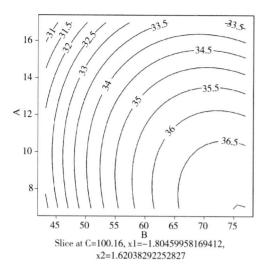

Slice at C=100.16, x1=−1.80459958169412,
x2=1.62038292252827

图 7-3　依据案例和相关要求绘制等高线图

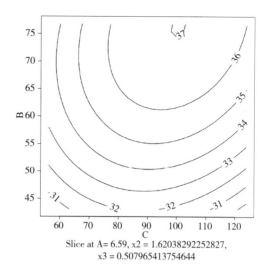

Slice at A= 6.59, x2= 1.62038292252827,
x3= 0.507965413754644

图 7-4　依据案例和相关要求绘制等高线图

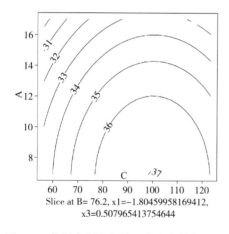

Slice at B= 76.2, x1=−1.80459958169412,
x3=0.507965413754644

图 7-5　依据案例和相关要求绘制等高线图

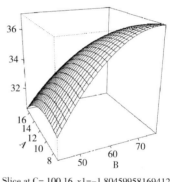

Slice at C= 100.16, x1=−1.80459958169412,
x2=1.62038292252827

图 7-6　依据案例和相关要求绘制响应面图

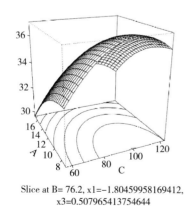

Slice at B= 76.2, x1=−1.80459958169412,
x3=0.507965413754644

图 7-7　依据案例和相关要求绘制响应面图

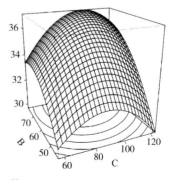

Slice at A= 6.59, x2=1.62038292252827,
x3=0.507965413754644

图 7-8　依据案例和相关要求绘制响应面图

persp （SO. ccd, x1 ~ x3, at = xs （SO. ccd）, contours = list （ z = "bottom" ） ）

persp （SO. ccd, x2 ~ x3, at = xs （SO. ccd）, contours = list （ z = "top" ） ）

在绘制等高线或响应面图中通过设置参数 at = xs （ SO. ccd），可在图下方给出该因素的编码变量最优取值，即 x1 = -1.8045996，x2 = 1.6203829，x3 = 0.5079654，对应因素的水平也已经给出：A = 6.59，B = 76.2，C = 100.16。

7.3　BBD 法实验方案设计及数据分析

与 CCD 试验设计不同，BBD 试验设计不需连续进行多次试验。在因素水平相等时，BBD 试验的试验组合数比中心复合试验设计少，因而更经济。缺点在于该设计无续贯性，每批实验都需要重新做。

7.3.1　更改目录并安装、加载 rsm 包

getwd( )#获取及更改目录

修改工作路径时 Windows 系统与 Mac 系统稍有不同，分别如下所示。

setwd （"~/Desktop/R" ） #修改 R 工作路径到 Mac 版本的指定目录

setwd （"C：/Users/Desktop/R" ） #修改 R 工作路径到 Windows 版本的指定目录

install. packages （"rsm" ） #安装包

library （rsm） #加载包

7.3.2　试验方案的设计

在 R 语言中，rsm 扩展包中的 bbd( )函数可以实现 BBD 试验方案的设计。代码及对应的参数解释如下：

design < -bbd （k, n0 = 4, block = （k = =4/k = =5）, randomize = TRUE ，coding）

其中，k：试验因素的个数。

n0：在每个区组中的中心试验点数目。

block：逻辑参数，指定是否采用区组设计。3 因素无须进行区组设计；4 因素 BBD 试验使用 3 个正交区组，每个区组内安排 12 个试验点；而 5 因素的 BBD 试验采用 2 个正交区组，每个区组安排 24 个试验点。

randomize：默认选择为 TRUE，可将试验顺序随机化，用以排除实验顺序带来的影响。

coding：公式列表，可写可不写。

下面以 10g 日照绿茶为原料，利用乙醇提取法进行茶多酚的提取。取溶剂体积、浸提时间及温度这 3 个因素，每个因素有 3 个水平，以提取率 （%） 为响应值。实验因素及水平设计如表 7-5 所示。

表 7-5　日照绿茶因素水平表

水平	因素		
	x1 溶剂体积/mL	x2 浸提时/h	x3 温度/℃
−1	100	4	50
0	150	5	60
1	200	6	70

代码如下，输出结果如表 7-6 所示。

library（rsm）

design<−bbd（3，n0=5，randomize=FALSE，coding=list（x1~（A−150）/50，x2~（B−5）/1，x3~（C−60）/10））

View（disign）

表 7-6　3 因素 3 水平 BBD 实验设计方案

序号	Run. order	Std. order	x1	x2	x3
1	1	1	−1	−1	0
2	2	2	1	−1	0
3	3	3	−1	1	0
4	4	4	1	1	0
5	5	5	−1	0	−1
6	6	6	1	0	−1
7	7	7	−1	0	1
8	8	8	1	0	1
9	9	9	0	−1	−1
10	10	10	0	1	−1
11	11	11	0	−1	1
12	12	12	0	1	1
13	13	13	0	0	0
14	14	14	0	0	0
15	15	15	0	0	0
16	16	16	0	0	0
17	17	17	0	0	0

7.3.3　实施试验并录入结果 y

y<−c（0.28，0.24，0.32，0.25，0.28，0.29，0.32，0.31，0.26，0.27，0.29，0.30，0.40，0.40，0.39，0.37，0.39）

design$y<−y

View（design）#查看数据，结果如表 7-7 所示。

表 7-7　3 因素 3 水平 BBD 实验结果

序号	Run. order	Std. order	x1	x2	x3	y
1	1	1	−1	−1	0	0.28
2	2	2	1	−1	0	0.24
3	3	3	−1	1	0	0.32
4	4	4	1	1	0	0.25
5	5	5	−1	0	−1	0.28
6	6	6	1	0	−1	0.29
7	7	7	−1	0	1	0.32
8	8	8	1	0	1	0.31
9	9	9	0	−1	−1	0.26
10	10	10	0	1	−1	0.27
11	11	11	0	−1	1	0.29
12	12	12	0	1	1	0.30
13	13	13	0	0	0	0.40
14	14	14	0	0	0	0.40
15	15	15	0	0	0	0.39
16	16	16	0	0	0	0.37
17	17	17	0	0	0	0.39

7.3.4　多项式回归分析

BBD 试验数据的回归模型拟合，可使用 rsm 包中的 rsm（ ）函数进行。

BBD_model<-rsm（formula=y ~ SO（x1，x2，x3），data=design）

summary（BBD_model）#输出结果如图 7-6~图 7-8 所示

图 7-9 内容首先给出了回归模型的类型及回归系数。所得回归模型系数的统计学检验（t 检验）结果中，大部分系数的 P 值都很小，相关系数 $R^2=0.9533$，表明该模型可以很好地描述试验数据。可根据回归系数得出二阶回归方程：

$$Y=0.39-0.014x1+0.0088x2+0.015x3-0.0075x1x2-0.005x1x3-3.5*10^{-19}x2x3-0.049x1^2-0.069x2^2-0.041x3^2$$

其中 Y 为提取率的预测值，x1，x2，x3 为编码变量，与实际因素料液比、温度和时间之间存在换算关系。方程中各项系数绝对值的大小直接反映了各因素对指标值的影响程度，系数的正负反映了其影响的方向。各因素对茶多酚提取率的影响顺序为 A<C<B。

模型失拟项表示模型预测值与实际值不拟合的概率。本例中，失拟项（Lack of fit）P 值为 0.1239>0.05，说明该方程对试验结果拟合较好。

```
Call:
rsm(formula = y ~ SO(x1, x2, x3), data = design)

                 Estimate  Std. Error  t value  Pr(>|t|)
(Intercept)     3.9000e-01  7.9732e-03  48.9140  3.907e-10 ***
x1             -1.3750e-02  6.3033e-03  -2.1814  0.0655069 .
x2              8.7500e-03  6.3033e-03   1.3882  0.2076647
x3              1.5000e-02  6.3033e-03   2.3797  0.0489044 *
x1:x2          -7.5000e-03  8.9143e-03  -0.8413  0.4279562
x1:x3          -5.0000e-03  8.9143e-03  -0.5609  0.5923594
x2:x3          -3.4694e-19  8.9143e-03   0.0000  1.0000000
x1^2           -4.8750e-02  8.6886e-03  -5.6108  0.0008068 ***
x2^2           -6.8750e-02  8.6886e-03  -7.9127  9.776e-05 ***
x3^2           -4.1250e-02  8.6886e-03  -4.7476  0.0020893 **
---
Signif. codes:  0 '***' 0.001 '**' 0.01 '*' 0.05 '.' 0.1 ' ' 1

Multiple R-squared:  0.9533,    Adjusted R-squared:  0.8932
F-statistic: 15.87 on 9 and 7 DF,  p-value: 0.0007216


Analysis of Variance Table

Response: y
                  Df    Sum Sq   Mean Sq  F value   Pr(>F)
FO(x1, x2, x3)     3  0.003925 0.0013083  4.1161   0.05616
TWI(x1, x2, x3)    3  0.000325 0.0001083  0.3408   0.79690
PQ(x1, x2, x3)     3  0.041149 0.0137162 43.1520 6.975e-05
Residuals          7  0.002225 0.0003179
Lack of fit        3  0.001625 0.0005417  3.6111   0.12339
Pure error         4  0.000600 0.0001500


Stationary point of response surface:
         x1          x2          x3
-0.15638698  0.07216656  0.19129618


Stationary point in original units:
          A          B           C
142.180651   5.072167   61.912962


Eigenanalysis:
eigen() decomposition
$values
[1] -0.04044913 -0.04886374 -0.06943714


$vectors
          [,1]        [,2]        [,3]
x1 -0.30482853  0.9352022 -0.18021228
x2  0.04039123 -0.1763533 -0.98349787
x3  0.95155037  0.3070772 -0.01598356
```

图 7-9　回归拟合结果展示

7.3.5 最优解

回归分析的输出结果也给出了所拟合二阶回归方程的响应面驻点信息，本例中为（x1，x2，x3）分别取编码值（-0.15638698，0.07216656，0.19129618），即 A、B、C 分别为 142.180651、5.072167、61.912962。同时输出结果也给出了该点的特征根值 Eigenanalysis。如果特征根值均小于 0，说明驻点是最大值；若特征根值均大于 0，说明驻点为最小值；若特征根同时存在大于 0 和小于 0 的值，那么给出的驻点为鞍点。

例子中驻点的 3 个特征根分别为-0.04044913、-0.04886374、-0.06943714，均为负数，表明驻点为最大值。因此，只需要将驻点位值代入二阶回归模型，即可求出回归模型的最大值。

7.3.6 曲面图观察

绘图代码及图形观察方法与 CCD 相同。

本例子中，如下代码的前 3 行分别绘制因素 A 与 B、B 与 C、A 与 C 对试验指标影响的等高线图（图 7-10、图 7-11）。后 3 行分别绘制因素与 A 与 B、A 与 C、B 与 C 对试验指标影响的响应面图（图 7-12~图 7-15）。其中，contours 参数可设置为 bottom 或者 top。bottom 表示将等高线投影在底部，top 表示将等高线投影在顶部。

contour（BBD.model，x1~x2，at=xs（BBD.model））

contour（BBD.model，x1~x3，at=xs（BBD.model））

contour（BBD.model，x2~x3，at=xs（BBD.model））

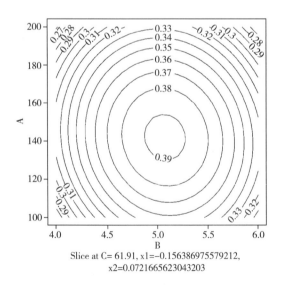

图 7-10 依据案例和相关要求绘制等高线图

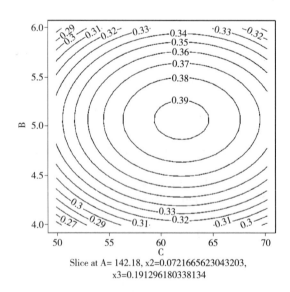

图 7-11 依据案例和相关要求绘制等高线图

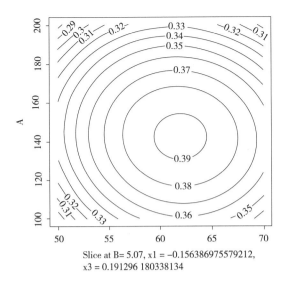

Slice at B= 5.07, x1 = −0.156386975579212,
x3 = 0.191296 180338134

图 7-12　依据案例和相关要求绘制等高线图

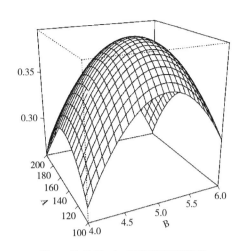

Slice at C=61.91, x1=−0.156386975579212,
x2=0.0721665623043203

图 7-13　依据案例和相关要求绘制响应面图

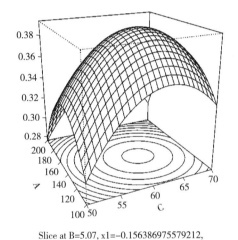

Slice at B=5.07, x1=−0.156386975579212,
x3=0.191296180338134

图 7-14　依据案例和相关要求绘制响应面图

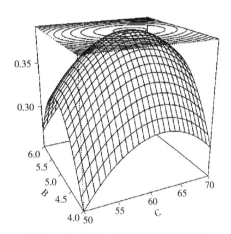

Slice at A=142.18, x2=0.0721665623043203,
x3=0.191296180338134

图 7-15　依据案例和相关要求绘制响应面图

persp（BBD. model，x1～x2，at＝xs（BBD. model））

persp（BBD. model，x1～x3，at＝xs（BBD. model），contours＝list（z＝" bottom"））

persp（BBD. model，x2～x3，at＝xs（BBD. model），contours＝ list（z＝"top"））

在绘制等高线或响应面图中通过设置参数 at＝xs（SO. ccd），可在图下方给出该因素的编码变量最优取值，即 x1＝ −0.15638698，x2＝ 0.07216656，x3＝0.19129618，对应因素的水平也已经给出：A＝142. 18，B＝5. 07，C＝61. 91。

7.4　练习题

以 10g 普洱为原料，利用乙醇提取法进行茶多糖的提取。取溶剂体积、浸提时间及温度这 3 个因素，每个因素有 3 个水平，以提取率（%）为响应值。实验因素及水平设计如表 7-8 所示。

表 7-8　普洱茶因素水平表

水平	因素		
	x1 溶剂体积/mL	x2 浸提时间/h	x3 温度/℃
-1	140	5	40
0	180	6	60
1	220	7	80

请分别用 CCD 法和 BBD 法设计实验方案并编出一组数据，进行响应面分析并进行比较。

7.5　参考文献

郑杰 . R 试验设计与数据分析［M］. 广州：华南理工大学出版社，2016.

第8章　基于 muma 的单代谢组学分析

8.1　代谢组学分析技术简介

快速发展的代谢组学领域专注于分析包括生物流体、组织或细胞在内的复杂标本中的数百种代谢物。高通量代谢组学研究的进展使人们对代谢途径的改变、新的基因功能或重要酶的调控有了更深入的了解。最初，代谢组学技术主要应用在医学与营养学研究领域。近年来，相关分析技术被逐渐应用在加工和贮藏等食品研究领域。例如，在代谢组学分析中，化学计量学作为主要的数据处理方法，作为一种统计技术应用于食品认证、欺诈检测和微生物学的研究中，并存在一个庞大而复杂的数据集来研究处理的影响，包括样本数量、类型和反应。主要包括主成分分析（principal component analysis，PCA），有监督的偏最小二乘法分析（partial least squares discriminant analysis，PLS-DA）和正交的有监督偏最小二乘法（orthometric PLS-DA，OPLS-DA）。当前有许多商业软件，如 SIMCA，CAMO The Unscrambler X、PLS-Toolbox 和 Bruker AMIX 可用于代谢组学分析。虽然这些商业化软件在界面美观度和操作友好性方面具有优势，但价格也较昂贵。本章我们介绍一种可用于单代谢组学分析的免费 R 包——muma。

8.2　muma 分析流程

在此，我们提出了"muma"，这是一个 R 包，为代谢组学单变量和多变量统计分析提供了一个简单的阶梯式管道。基于公布的统计算法和技术，muma 为数据分析的整个过程提供了用户友好的工具，从数据的输入和预处理，到数据集探索，到通过无监督/监督多元和/或单变量技术的数据解释，muma 已经开发出帮助解释统计结果的特定工具和图表。最后，muma 有专门用于代谢组学数据解释的部分，提供了代谢模式的分子分配和生化解释的具体技术。

如图 8-1 所示，muma 的分析流程为数据输入、数据预处理和预加工、多变量分析和单因变量分析、结果输出。

8.2.1　数据输入

建立文件名为"Met data"的 csv 文件，数据排列如图 8-2 所示。该例子为小鼠实验，包括 4 组小鼠的血清代谢组学数据。再次注意，样品名称不能有相同的情况，如同一组的不同

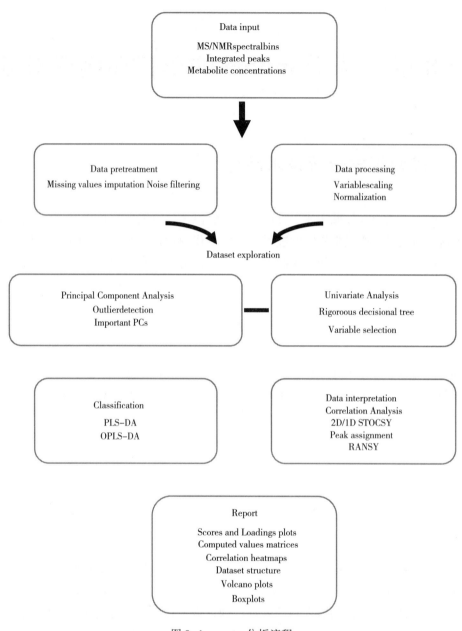

图 8-1　muma 分析流程

样品不能都命名为 Control。在组号处应该注意，每个样品至少需要 3 个平行重复。

8.2.2　数据预处理和探查

　　muma 的第一个函数，同时提供数据集读取和不同的预处理方法。首先，该数据集筛选缺失值和四个可用分配选项（平均值，最小值，半最小值和零）。很多情况下，质谱或光谱测量结果为负值，通常被认为是光谱伪影或噪声。因此，在对数据进行任何其他处理之前，这些值被自动转换为零。然后对总光谱区域进行归一化，将每个单一变量转换为"光谱"总

Sample	Class	L-Threonir	L-Arginine	L-Citrulline	L-Glutamic	L-Isoleucir	L-Pyroglut	L-Serine	(5-L-Gluta	3-Hydroxy
Control_1	1	9.2E-05	9.22E-05	0.000352	0.00013	3.18E-05	1.37E-05	6.62E-06	7.94E-05	7.02E-05
Control_2	1	4.92E-05	8.35E-05	0.00033	0.000249	3.08E-05	1.38E-05	7.51E-06	6.8E-05	6.92E-05
Control_3	1	6.02E-05	0.000123	0.000241	0.000143	3.7E-05	1.56E-05	7.33E-06	9.61E-05	4.41E-05
Control_4	1	6.62E-05	0.000114	0.000228	9.88E-05	2.78E-05	1.14E-05	9.75E-06	8.69E-05	0.000106
Control_5	1	5.49E-05	0.00012	0.000245	0.000147	3.27E-05	1.26E-05	8.03E-06	7.32E-05	7.51E-05
Control_6	1	3.77E-05	0.00013	0.00029	0.000249	2.61E-05	1.21E-05	5.72E-06	9.18E-05	0.000139
Control_7	1	9.59E-05	9.92E-05	0.000323	0.000137	2.48E-05	1.07E-05	5.36E-06	6.37E-05	8.82E-05
Control_8	1	7.3E-05	8.85E-05	0.000268	0.000131	4.04E-05	8.45E-06	9.82E-06	7.22E-05	6.83E-05
High_fat_1	2	6.59E-05	8.11E-05	0.000255	0.000204	2.8E-05	1.15E-05	9.5E-06	6.9E-05	0.000223
High_fat_2	2	8.71E-05	4.01E-05	0.000215	0.000108	2.94E-05	9.7E-06	9.77E-06	9.74E-05	0.000159
High_fat_3	2	7.88E-05	7.2E-05	0.000217	0.000132	1.77E-05	1.41E-05	5.9E-06	7.59E-05	0.0002
High_fat_4	2	5.1E-05	0.000116	0.000304	0.000188	3.05E-05	1.18E-05	9.87E-06	6.48E-05	0.000269
High_fat_5	2	6.33E-05	4.31E-05	0.000242	6.62E-05	2.48E-05	1.33E-05	1.21E-05	9.14E-05	0.000226
High_fat_6	2	4.8E-05	8.78E-05	0.000288	0.000259	3.05E-05	1.3E-05	7.21E-06	5.68E-05	0.000269
High_fat_7	2	8.47E-05	4.67E-05	0.000264	9.47E-05	2.34E-05	1.25E-05	1.13E-05	6.8E-05	0.000235
High_fat_8	2	8.43E-05	5.98E-05	0.000284	0.000113	1.9E-05	1.17E-05	1.04E-05	6.2E-05	0.000363
HF_salted_ZC_1	3	7.84E-05	9.65E-05	0.000235	0.00013	3.11E-05	8.8E-06	1.02E-05	6.48E-05	0.00033
HF_salted_ZC_2	3	8.03E-05	7.44E-05	0.000201	0.000158	2.75E-05	1.21E-05	1.08E-05	5.73E-05	0.00058
HF_salted_ZC_3	3	7.46E-05	7.46E-05	0.000244	0.000102	4.36E-05	7.53E-06	9.54E-06	3.74E-05	0.000161
HF_salted_ZC_4	3	7.7E-05	6.2E-05	0.000219	0.000172	2.58E-05	8.54E-06	1.11E-05	4.35E-05	0.000295
HF_salted_ZC_5	3	6.33E-05	4.25E-05	0.000249	8.31E-05	1.95E-05	1.17E-05	6.38E-06	5.04E-05	0.000414
HF_salted_ZC_6	3	7.4E-05	6.91E-05	0.000243	0.000194	2.87E-05	7.3E-06	8.02E-06	4.51E-05	0.000498
HF_salted_ZC_7	3	6.54E-05	5.36E-05	0.000251	6.08E-05	3.66E-05	9.61E-06	7.83E-06	4.43E-05	0.000294
HF_salted_ZC_8	3	5.14E-05	4.12E-05	0.000215	0.000116	1.79E-05	7.86E-06	8.37E-06	2.92E-05	0.00032
HF_unsalted_ZC_1	4	4.95E-05	5.28E-05	0.000183	6.3E-05	1.87E-05	1.23E-05	6.28E-06	4.01E-05	0.000369
HF_unsalted_ZC_2	4	6.05E-05	3.39E-05	0.000222	6.81E-05	2.39E-05	9.55E-06	1.01E-05	3.1E-05	0.00032
HF_unsalted_ZC_3	4	6.33E-05	5.58E-05	0.000194	6.65E-05	3.22E-05	8.34E-06	8.44E-06	4.17E-05	0.000216
HF_unsalted_ZC_4	4	7.54E-05	8.8E-05	0.000221	9.44E-05	1.66E-05	6.93E-06	1.2E-05	2.91E-05	0.000706
HF_unsalted_ZC_5	4	3.38E-05	4.95E-05	0.000283	7.77E-05	1.67E-05	1.37E-05	1.77E-06	3.53E-05	0.000448
HF_unsalted_ZC_6	4	4.77E-05	7.49E-05	0.000178	0.000145	1.47E-05	7.28E-06	8.9E-06	2.45E-05	0.000417
HF_unsalted_ZC_7	4	6E-05	6.38E-05	0.00024	8.03E-05	1.89E-05	6.68E-06	1.07E-05	2.73E-05	0.000458
HF_unsalted_ZC_8	4	3.37E-05	6.14E-05	0.000208	5.94E-05	1.63E-05	1.11E-05	6.1E-06	3.68E-05	0.000514

样品名称　　　组号　　测定指标

图 8-2　建立文件名为 Met data 的 CSV 文件

强度的一部分。选择这种类型的规范化是因为它广泛应用在文献和不同的分析平台（核磁共振和质谱）以及其他"组学"技术（转录组学、蛋白质组学）。简单地说，归一化有助于抹平样本（或光谱）之间的整体差异，允许在一个数组中比较相同的变量。用户可以选择不同的变量缩放方法，包括帕累托缩放（Pareto）、范围缩放（Range）、浩瀚缩放（Vast）、自动缩放（Auto）和中值缩放（Median）。当比较不同强度和/或分布水平的多个变量时，这些数据预处理程序可能是有用的，这是在大多数代谢组学研究中常见的情况。为了达到这个目的，每个变量都以均值为中心，即每个变量都分布在零点附近，然后根据所选的方法进行缩放。标准化和缩放在管道中都不是强制性的，可以直接对原始数据进行分析。作为第一个统计探索性方法，主成分分析（PCA）被应用于预处理数据。PCA 是一种无监督的多元技术，能够在多维数据集中找到变化的模式：在一个名为得分图（scores plot）的图形中，PCA 能够根据它们之间的方差分散实验样本。如果在代谢组学实验中应用的扰动，影响了系统的全局方差，则应根据实验条件分散样本。同样地，PCA 能够提供关于导致系统观察到的方差的变量的信息，即强调在实验扰动诱导的生物反应中涉及的代谢物。这一信息可以显示在 PCA 的载荷图（loading plot）中。由于 PCA 能够掌握系统的方差，该技术可以作为一种数据集探索方法，用于评估意外变化来源的存在（例如，异常值的存在）。为了帮助选择最合适的主成分（PC）对，muma 运用工具实现了从每对 PC 获得聚类分离的统计显著性。

8.2.3　判别分析

PCA 是一种非常粗糙的技术，这得益于它的无监督特征，但当数据集中存在不同的方差源时，它可能无法掌握与潜在生物反应对应的信息，例如批处理效应、时间漂移、高噪声水平等，这可能会掩盖实验信息。在这些情况下，可能需要利用额外信息的统计技术——关于样本分类或数据集结构（监督技术），以提取与生物实验相对应的信息。作为有监督的分析算法，muma 提供了偏最小二乘法判别分析（PLS-DA）和正交投影判别分析（OPLS-DA），能输出适当的图形结果，如评分图、w*c 图和 s 图。这两种技术共享一个类似的算法，它们能够找到相关性之间的样本分类和变量变化模式：通过使用关于样本组的信息，它们可以突出能够区别实验条件的变量。通过这种方式，这些技术可以帮助从数据集中消除不希望的或意外的变化来源，集中在信息"好的"部分。在这种情况下，应该提到几个陷阱与这些技术有关：有时，PLS 或 OPLS 算法突出显示的潜在差异可能是这些技术寻找变量和样本组之间的相关性。muma 是可以执行 OPLS-DA 的唯一免费代谢组学计算工具。与 PLS-DA 相比，这种监督技术的优势在于，从正交的数据部分（即独立于实验扰动的数据部分）区分与实验扰动（如加工条件、不同处理）相对应的信息。因此，OPLS-DA 能更好地聚类和识别表征实验组的特征。

8.2.4　自动化综合单变量分析

muma 为单变量分析提供了一种决策树算法，可以自动对每个变量进行严格的假设检验。在两组或多组之间比较单个变量时，一个主要问题涉及其分布的正态性：为正态分布变量设计的假设检验可能不适用于非正态分布变量，反之亦然。为了解决这个问题，muma 实现了通过 Shapiro Wilk's test 测试常态的每个变量；取决于这个测试的 P 值（阈值=0.05），Welch's T-test 测试或 Wilcoxon-Mann Whitney' test（WMW）测试完全自动执行。对于每个被测试的变量，算法报告对应于适当测试（Welch 或 WMW）的 P 值。此外，由于代谢组学数据通常是多维的，可以使用 Benjamini-Hochberg 方法进行多重检测校正。

此外，火山图通过可视化进行结果筛选，每个被测试变量的箱图将被创建并保存在一个专用目录中。muma 是唯一免费提供单变量测试的自动决策算法的工具。

8.2.5　结构/生化解释

为了帮助解释代谢组学数据，可以创建相关热图，以帮助识别不同代谢物之间的生化关系，并可能突出在生物反应背景下代谢物模式（或通路）的参与。特别是，相关系数高于 0.85 的代谢物被认为是一种生化（或途径）关系。在处理核磁共振波谱数据时，这种相关图被称为统计总相关光谱（STOCSY），高于 0.95 的相关性通常表明属于同一分子的核磁共振波峰之间的结构关系。当变量较多时，这些热图可能会导致混乱和难以解释。为了解决这个问题，可以为正相关和负相关设置特定的阈值，以便只可视化最重要的关系。

与现有工具相比，比值分析核磁共振波谱（RANSY）是 muma 的一个独特特征，这是一种新的工具，在识别核磁共振波谱峰之间的结构关系方面显示出更高的能力和力量。这个创新的工具是基于这样的概念：在一组光谱中，属于同一分子的峰应该显示出与所有其他峰相似的比例。但是本书主要以质谱结果作为实例进行分析。

8.2.6　报告

muma 提供了一份详细的分析报告。每个 muma 函数生成一个目录，其中所有数据（矩阵、P 值等）和图形都被写入和保存，从而允许在任何时候以简单和有效的方式恢复给定分析的所有结果。

8.3　muma 实例

采用 4 周龄的雄性 C57BL/6J 小鼠（18~20g），鼠房条件为（22±2℃），光—暗循环 12/12h。适应期 1 周后，32 只小鼠随机分为 4 组，每组 8 只：对照组（Control）、高脂组（High fat，HF）、HF 盐腌榨菜组（HF_salted ZC）、HF 无盐榨菜组（HF_unsalted ZC）。对照组：小鼠喂食 MD12031（10% 千卡脂肪含量）的对照饲料。高脂组：小鼠饲喂高脂饲料（MD12032，45% 千卡脂肪含量）。HF 盐腌榨菜组：饲喂含 2.5% 盐腌榨菜粉的高脂饲料。HF 无盐榨菜组：小鼠饲喂含 2.5% 无盐榨菜粉的高脂饲料。饮食剂量的榨菜粉大约等于每天剂量的 8.6 g 榨菜粉，基于当量表面积剂量转换因子是 40 g 盐渍榨菜或 126 g 新鲜榨菜用于 60kg 成年人的等效饮食。12 周后，所有小鼠禁食 12 h，处死后取血，离心后取血清，利用液质联用仪分析代谢组。

library（muma）

#加载 muma#

work. dir（dir. name = "WorkDir"）

#构建名为 "WorkDir" 的文件夹，作为工作目录，之后产生的所有数据均会存在该文件夹。该文件夹在 "用户—文档"，运行前可更改工作目录为 "D：\R"，运行结束再次运行时需删除之前生成的文档

8.3.1　数据预处理

8.3.1.1　explore. data 介绍

explore. data 描述

explore. data 函数是 muma 分析组学数据的第一步。主要用于对代谢组学数据进行归一化和缩放，通过主成分分析和自动异常值测试提供数据集的概述；它还包含了一个测试，以选出分离最好的主成分。

（1）explore. data 运用代码。

explore. data（file，scaling，scal = TRUE，normalize = TRUE，imputation = FALSE，imput）

（2）explore. data 参数。

file	一个连接或字符串，表示要预处理和检索的文件的名称
scaling	使用的缩放类型
scal	逻辑值，无论执行或不缩放。默认设置是"TRUE"
normalize	逻辑值，无论是否执行归一化。默认设置是"TRUE"
imputation	逻辑值，无论是否执行缺失值的归算。默认是"FALSE"
imput	字符向量，表示应该用缺失值计算的值的类型

（3）explore. data 细节。

所提供的"文件"必须是一个.csv 格式的矩阵，第一列表示样本名称，第二列表示每个样本所属的类别（例如，治疗组、健康/疾病组……）。矩阵的表头必须包含数据集中每个变量的名称。

在执行数据预处理之前，函数 explore. data 扫描数据集以找到负值并将它们替换为 0 值。因此，将生成一个报告负数的表和一个带有修正值的表，并将其写入目录"Preprocessing Data"。

对于缺失值的估算有以下选项："平均值""最小值""半最值小值""零"。要指定将使用的输入类型，字段 imputation 必须被转换为 TRUE。

对总强度自动执行归一化，即计算每个样本的所有变量的和，用作每个变量的归一化因子。生成一个报告规范化值的表，并写入"Preprocessing Data"目录中。

可以执行不同类型的"缩放"。'pareto''Pareto''p'或'P'可以用来指定 Pareto 缩放。'auto''Auto''a'或'A'可以用于指定自动缩放（或 UV 缩放，unit variance scaling）。'vast''Vast''v'或'V'可以用来指定 Vast 缩放。'range''Range''r'或'R'可以用于指定 Range 缩放。生成一个报告缩放值的表，并将其写入目录"Preprocessing Data"。如果将'scale'设置为'FALSE'，则不执行缩放，而只执行均值中心化。

主成分分析将自动执行数据缩放后的分析，结果将以成对的形式输出，其中前十个结果将会被写入目录"PCA_Data"。进行统计检验以确定分离最好的主成分对，并打印前三对主成分的秩。这允许用户选择最佳的主组件集。最后，通过几何检验来识别潜在的异常值并输出结果。

（4）explore. data 结果。

explore. data（file="D:\\R\\Met data. csv"，scaling="pareto"，scal=TRUE，normalize=TRUE，imputation=TRUE，imput="zero"）#通过 PCA 进行数据预处理（归一化、缩放）和数据探索（图 8-3）

📁 Groups

📁 PCA_Data_pareto

📁 Preprocessing_Data_pareto

图 8-3　预处理文件夹

产生的 3 个文件夹："Group"中存储数据表中以"类别"列标识的每组样本。"PCA_Data_pareto"中存储了作为评分和载荷值矩阵的主成分分析文件，以及所有与 PCA 相关的绘图和图形。注意：根据使用的缩放，这个目录有不同的名称。"Preprocessing_Data_pareto" 中存储了用于预处理数据集的所有文件，如标准化和缩放表。

特别是，该函数读取数据表，并将所有负值转换为 0 值，因为产生负值的代谢组学测量被认为是噪声或错误，并报告发现的负数将被写入并保存在 "Preprocessing_Data_scalingused" 文件夹中。计算值的报告被打印到屏幕和一个名为 "ImputedMatrix.csv" 的文件并保存在 "Preprocessing_Data_scalingused" 目录中。此外，还实现了对每个变量缺失值的比例控制：当一个变量显示缺失值的比例高于 80% 时，该变量被认为没有提供信息而被删除。关于被消除的变量的警告会在函数的末尾报告，指出已经被消除的变量。

然后，该函数对数据中的每个样本进行归一化：这是通过计算一个谱内所有变量的和，并对该值对每个谱进行归一化来实现的；使每一个单一的变量都转化为总光谱面积或强度的一个分数。将一个名为 "ProcessedTable.csv" 的表写入并保存在 "Preprocessing_Data_scalingused" 目录中。由于此过程会影响后续分析的结果，因此可以通过将 "normalize" 字段转换为 "FALSE" 来避免规范化。那些已经标准化或不需要标准化的数据不适用于此点。

注意：根据使用的缩放算法不同，这些文件的名称可能不同。

接下来，介绍一些关于该函数处理技术背后的理论，帮助大家以最适合的方式利用这些工具。中心化缩放：将变量从围绕均值的波动转换为围绕零点的波动。它消除了高含量和低含量代谢产物之间的差异。缺点是对于异方差数据可能不够。自动缩放：也被称为 UV 缩放，它使用标准偏差作为缩放因子。经过这个过程，每个变量的标准差为 1，变得同等重要。缺点是测量误差增大；在主成分分析之前应用，会使负荷图的解释变得困难，因为大量的代谢物会有较高的载荷值。Pareto 缩放：类似于自动缩放，但是标准偏差的平方根被用作缩放因子。高变异代谢物比低变异代谢物减少得多。与自动缩放相比，数据更接近原始测量值。缺点是对较大的倍数改变敏感。Vast 缩放：自动缩放的扩展，它专注于稳定变量，即那些变化较少的变量。它以标准差和变异系数作为比例因子。相对标准偏差小的代谢物更重要。缺点是不适合没有分组结构的较大变量。Range 缩放：以取值范围作为比例因子。根据诱导的生物反应对代谢物进行比较。缺点是测量误差大，对异常值敏感。中位数缩放：也称为集中趋势缩放，这种操作使每个样本的中位数相等。使用此缩放的条件是当只有少数代谢物预计会发生变化，但可能存在非生物样本相关因素影响数据解释时。缺点是可靠性低，数据集响应变量比例高。

由于不同的缩放类型会影响 PCA 结果，因此可以使用该函数提供的所有不同缩放类型（通过多次运用 explore.data 函数实现），评估一次缩放对感兴趣的数据集的差异影响。这样，通过比较不同的 PCA 结果，可以选择与期望结果最匹配的缩放类型。结果保存在 "PCA_Data_scalingused"。

主成分分析在归一化/缩放表上进行，返回前 10 个主成分每两两比较的得分图（当主成分数量 ≥10 时，否则绘制所有主成分的对比）如图 8-4 所示。与此同时，还创建了一个 scree plot，以便向用户提供关于每个主要组件重要性的信息。由图可知：

为了帮助用户选择 "最佳" 主成分对进行可视化，muma 设计了一个特定的工具，计算每一对主成分得到的聚类分离的统计显著性。也就是说，根据不同的主成分对，组之间会有或多或少的分离，我们对这种聚类分离进行统计显著性检验。以输出分离最好的前 5 个主成分的排序进行筛选，报告主成分的数量、F 统计量计算出的 P 值以及每对成分解释的方差占比（图 8-5、图 8-6）。P 值是每个聚类分离统计量所有 P 值的总和，P 值越低，说明分离

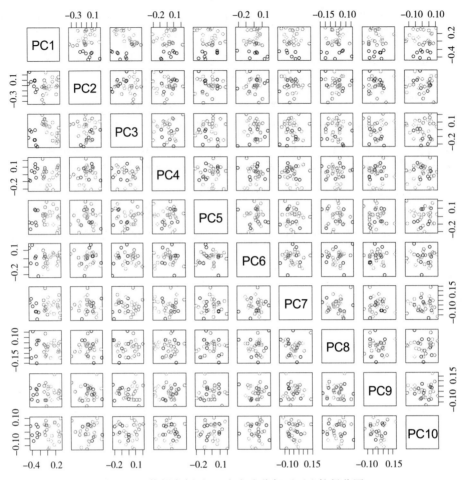

图 8-4　依据案例对 10 个主成分每两两比较得分图

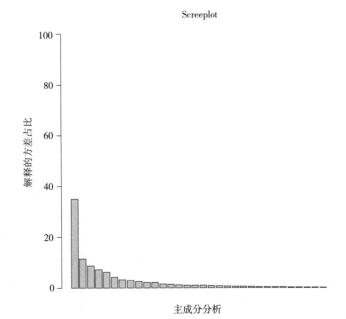

图 8-5　依据案例对主成分 screeplot 分析

能力越好。据此，在本书案例中，主成分 1 和 4 共解释了 42.1% 以上的变量，且差异显著。因此，在后续分析中，可以主成分 1 和 4 对比为主。

```
[1] "Pairs of Principal Components giving highest statistical cluster separa$
   Pair_of_PCs Sum_p_values(F_statistics) Variance(%)
1    PC1vsPC4            0.0001229859            42.1
2    PC1vsPC19           0.0002068272            35.6
3    PC1vsPC6            0.0002274365            39.0
4    PC1vsPC11           0.0010641253            36.9
5    PC1vsPC12           0.0014281702            36.4
```

图 8-6　依据案例对主成分进行统计显著性检验

8.3.1.2　Plot. pca 函数介绍

Plot. pca 描述

可视化 PCA 评分和载荷图。

（1）Plot. pca 运用代码。

Plot. pca（pcx，pcy，scaling，test. outlier = TRUE）

（2）Plot. pca 参数。

pcx	表示在 x 轴上绘制的主成分的整数
pcy	表示在 y 轴上绘制的主成分的整数
scaling	一个字符串，表示之前在函数 explorer. data 中指定的缩放类型
test. outlier	逻辑值，指示是否必须执行几何异常值测试。默认为 "TRUE"

（3）Plot. pca 细节。

test. outlier 将输出一个字符串，指示是否检测到异常值；如果检测到，将输出异常值样本的行名作为标识。要绘制的主成分对可以通过函数 explore. data 来确定。

工作目录中会自动创建一个名为 "PCA-Data" 的文件夹。在这个文件夹中保存 PCA 评分和载荷矩阵，以及每个输出的 PCA 图。

（4）Plot. pca 结果。

Plot. pca（pcx = 1，pcy = 2，scaling = " pareto"，test. outlier = TRUE）#输出 PCA 得分图（图 8-7）和载荷图（图 8-8）。缩放方法必须用前序函数 explore. data 中使用过的相同名称；即使在前序分析中测试了多个缩放类型，也只能在此函数中指定一个单一的缩放类型。注意：如果在 explore. data 函数中，缩放字段被设置为 FALSE，那么缩放字段必须填充为 scaling = " "。在后续分析中，对于需要指定缩放类型的所有其他函数也是如此。可以通过设置 test. outlier 为 TRUE，调试异常值。这样，在 95% 置信椭圆的基础上，对 PCA Score 图的点坐标进行几何测试。报告此类测试结果的消息将输出到屏幕，并写入一个列出异常值示例的文件，保存在 "PCA_Data_scalingused"。Score 和 Loading 绘图都将显示在屏幕上，并保存在名为 "ScorePlot_PCXvsPCY. pdf" 和 "LoadingPlot_PCXvsPCY. pdf" 的目录中。

　　从得分图可知，所有样品在 95% 置信区间内（通常为方框中间的类椭圆区域，有时置信区间的椭圆区域太大，而可能无法显示，如有离群值会提示），榨菜喂养和非榨菜喂养的小鼠分列主成分 1 的两侧，说明摄入榨菜显著改变了小鼠的血清代谢物组成，而盐渍和未盐渍榨菜引起的小鼠血清代谢组变化也是截然不同的。有趣的是，我们发现，不同版本的 R 和包的计算结果 [图 8-7 为 2022 年版本，图 8-9 为 2019 年前版本（文献结果）]，它们的结果有些微差异。当然这也可能是不同版本 R 或包及其依赖的相关包改进后引起算法的略微差异导致的。这提醒我们，要想获得相同计算结果，数据、R 平台、主算包和依赖包都必须一致。在载荷图中，远离中心点（0，0）的变量对区分两组样品的贡献（作用）越大。但需要注意，PCA 分析不稳定，仅表示在后续研究中，可以给予这些物质更多的关注。当然，如果觉得 R 程序直接出

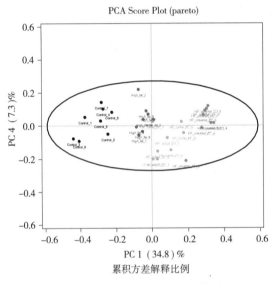

图 8-7　2022 年版本 PCA 得分图

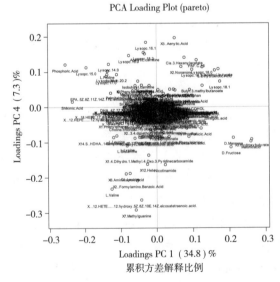

图 8-8　PCA 载荷图

的图片不够美观，可以前往工作目录，找到相关数据，然后自行用 ggplot2 或者 excel 进行作图，如图 8-9 所示，代码如下：

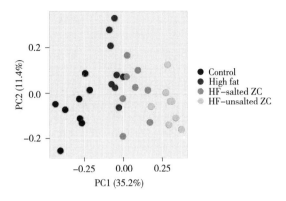

图 8-9　2019 年前 PCA 得分图

library（ggplot2）

library（dplyr）

library（RColorBrewer）#加载 ggplot2，dplyr，RColorBrewer#

a<-read. csv（"D:\\R\\WorkDir\\PCA_Data_pareto\\PCA_ScoreMatrix. csv"）#"D:\\R\\WorkDir\\PCA_Data_pareto\\PCA_ScoreMatrix. csv" 为数据所在路径，将数据命名给 a。运行时需以实际文件路径替换引号中路径，在 "D:\R" 中新建一个 groups 的 CSV 文档#

c<-read. csv（"D:\\R\\groups. csv"）#"D:\\R\\groups. csv" 为数据所在路径，将数据命名给 c#

d<-bind_cols（c，a）#将 c 和 a 的列进行合并#

e=ggplot（d，aes（x=PC3，y=PC8，colour=factor（Name）））+geom_point（size=5）+theme（axis. text=element_text（colour="black"，size=15），axis. title=element_text（size=15），legend. text=element_text（size=15），axis. ticks=element_line（colour="black"），legend. title=element_blank（），legend. background=element_blank（））#绘制 PCA 得分图#

f=e+xlab（"PC 1（11.2%）"）+ylab（"PC 2（2.6%）"）#标注坐标轴#

f

pdf（"D:\\R\\PCA. pdf"）#PCA 得分图储存路径和形式#

f

dev. off()#关闭当前绘图设备#

8.3.2　单变量分析

univariate 描述

函数执行单变量统计分析与参数和非参数检验。实现了一种决策树算法，评估一个变量是否服从正态分布（Shapiro Wilk's test），并根据正态性执行 Welch's T-test（参数检验）或 Wilcoxon-Mann Whitney U test（非参数检验）。可视为 explore. data 的平行函数。

（1）univariate 运用代码。

univariate（file, imputation=FALSE, imput, normalize=TRUE, multi. test=TRUE, plot. volcano=FALSE）

（2）univariate 参数。

file	一个连接或一个字符串，给出包含要测试的变量（矩阵列）的文件名称
imputation	逻辑值，是否执行缺失值的归算。默认设置是"FALSE"
imput	字符向量，表示应该用于输入缺失值的输入类型
normalize	逻辑值，是否进行归一化。默认设置是"TRUE"
multi. test	逻辑值，默认为"TRUE"。使用 Benjamini-Hochberg 法对多次测试进行校正
plot. volcano	逻辑值，默认为"FALSE"，所有实验组之间两两对比的火山图
save. boxplot	逻辑值，默认为"TRUE"，绘制并保存箱线图

（3）univariate 细节。

所提供的"文件"必须是一个 .csv 格式的矩阵，第一列表示样本名称，第二列表示每个样本所属的类别（例如，治疗组、健康/疾病组……）。矩阵的表头必须包含数据集中每个变量的名称。

该函数将在工作目录中创建一个名为"Univariate"的目录，从该函数产生的所有结果都存储在这里。

对于缺失值的估算有以下选项："mean""minimum""half. minimum""zero"。要指定将使用的输入类型，字段 imputation 必须被转换为 TRUE。

如果"归一化"为"TRUE"，则对总强度进行归一化，即计算每个样本的所有变量的和，并将其用作每个变量的归一化因子。

火山图是自动生成的，并保存入'Volcano_Plots'文件夹，在'Univariate'目录中。如果 plot. volcano 是 TRUE，则输出火山图。此外，为创建火山图而计算的倍数改变和 P 值分别存入"Fold_Changes"和"Pvalues"文件夹。

函数"单变量"是单变量统计检验的枢纽。首先，Shapiro Wilk's test 对每个变量进行正态分布检验，依赖于"数据文件"第二列中提供的组别。如果一个变量的结果是正态分布的，那么执行 Welch's T-test；如果变量不是正态分布，则进行 Wilcoxon-Mann Whitney U 检验。对于这两种检验，均使用 0.05 的阈值来评估显著性。在这些测试之后，创建文件"Shapiro_Tests"，其中包含每个变量的正态性分数；创建"Welch_Tests"，其中包含每组样本之间每个测试变量两两比较的 P 值；创建一个名为"Mann-Whitney_Tests"的文件，其中包含每组样本之间每个测试变量两两比较的 P 值；创建一个名为"Significant_Variables"的目录，仅报告显示 P≤0.05 的变量，认为组间差异显著。

根据"文件"第二列中提供的组别，生成每个变量的箱线图，并写入名为"BoxPlot"的目录中，该目录在工作目录中自动生成。

注意：如果数据集中，每个组，只包含<3 个变量，即不足 3 个测定指标，univariate 不会执行。

火山图是快速了解变量重要性的有用工具：在同一个图中，用户可以获得给定变量的统计显著性信息（水平蓝线下方/上方，即 P = 0.05）以及该变量的生物学显著性信息（变量越左/右分散，具有潜在生物学相关性的可能越高）。记住，P 值表示为 $-\log_{10}$（P-value），因此单个单位的变化实际上意味着一个数量级的变化。以同样的方式，倍数改变报告为 $\log_2$（fold change），因此 0 到 1 之间的每个值都是负的。

箱线图（运行 univariate 函数时，将会以 PDF 自动输出到相关文件夹）也可以是一个有用的工具，因为它们提供了关于单个变量行为的不同信息，无论是在一组样本中还是在不同的样本组中。事实上，箱线图通过 5 个数字的总结形象地描绘了样本组：

—最低观察值（最小值），由最下方横线表示；

—下四分位数（第 25 个百分位数），由方框的下边缘表示；

—中位数（第 50 个百分位数），用方框内的灰线表示；

—上四分位数（第 75 个百分位数），由方框的上边缘表示；

—最高观察值（最大值），由最上方横线表示。

（4）univariate 结果。

univariate（file = "D:\\R\\Met data.csv"，imputation = TRUE，imput = "zero"，normalize = TRUE，multi. test = TRUE，plot. volcano = TRUE）

由该火山图（图 8-10，未全部呈现在该书）可知，蓝色标记的代谢物在不同膳食喂养小鼠血清中的含量有显著性差异。图 8-11 的箱线图（未全部呈现在该书）更直观地呈现了不同膳食引起小鼠血清代谢产物的显著性变化。同时摄入榨菜和高脂膳食可以显著抑制高脂膳食诱导的血清棕榈油酸和油酸含量的增加。

8.3.3　合并单变量和多变量信息

单变量和多变量统计分析给出了不同类型的信息，这些信息彼此一致或不一致，都是重要的考虑和解释。与此同时，muma 在一个独特的图形工具中合并这两种类型的信息。可以通过使用函数 Plot. pca. pvalues（）来执行此分析。

Plot. pca. pvalues 描述

在执行"单变量"函数后，生成每个变量的统计显著性的 P 值。这些值用于根据变量的显著性对 PCA 载荷图中的变量进行红色标记（P < 0.05）。

（1）Plot. pca. pvalues 运用代码。

Plot. pca. pvalues（pcx，pcy，scaling）

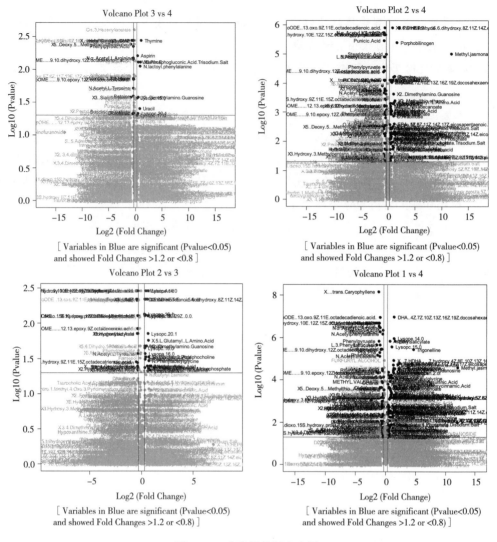

图 8-10　由案例绘制火山图

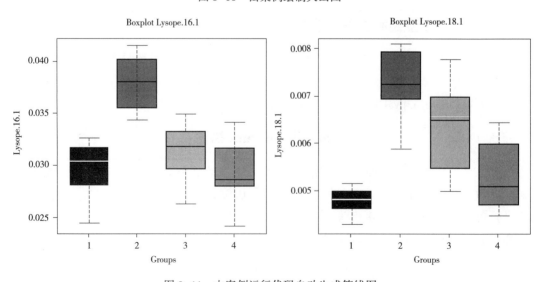

图 8-11　由案例运行代码自动生成箱线图

（2）Plot. pca. pvalues 参数。

pcx	表示在 x 轴上绘制的主成分的整数
pcy	表示在 y 轴上绘制的主成分的整数
scaling	一个字符串，表示之前在函数 explorer. data 中指定的缩放类型

（3）Plot. pca. pvalues 细节。

一个 PCA 载荷图可视化和保存在工作目录的函数。

（4）Plot. pca. pvalues 结果。

Plot. pca. pvalues（pcx = 1，pcy = 2，scaling = "pareto"）

#输出带显著性标记（红色圆圈）的载荷图结果（图 8-12）

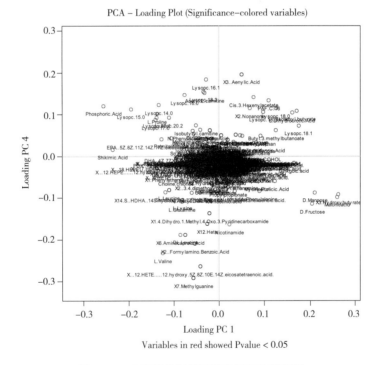

图 8-12　由案例绘制带显著性标记的载荷图

与之前的 PCA 载荷图相比，图 8-12 多了红色标记，显示显著性差异的变量。可见，有显著性差异的变量，也可能载荷值较小。因此，我们应该关注既显著，又远离原点的变量，它们可能是解释不同实验条件变量的关键。

8.3.4　PLS-DA 介绍

muma 提供一种监督多元统计分析工具。

8.3.4.1 plsda 函数

plsda 描述

根据样品分组信息进行 PLS-DA。

（1）plsda 运用代码。

plsda（scaling = "pareto"）

（2）plsda 参数。

scaling	一个字符串，表示之前在函数 explorer. data 中指定的缩放类型

（3）plsda 细节。

计算组件的数量定义为类的数量减 1。一个图表报告保存在目录"PLS-DA"，以及 PLS 评分和载荷矩阵。

（4）plsda 结果。

plsda（scaling = "pareto"）#进行 PLS-DA 计算#

由图 8-13 可知，PLS-DA 共给出了 3 个主成分的得分图结果，但通常而言，前两个主成分累积解释的变量数较多。

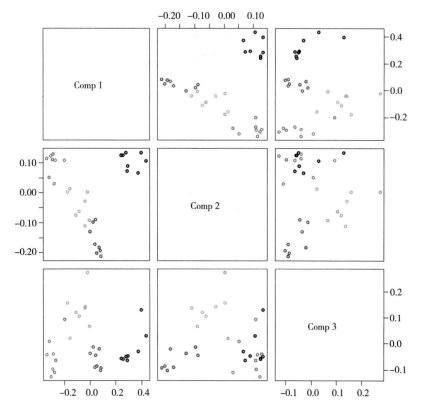

图 8-13 由案例绘制 PLS-DA 主成分的得分图

一旦选择了主成分对，就通过 plot. plsda 可视化 w * c values 1 和 w * c values 2。

8.3.4.2　plot. plsda 函数

plot. plsda 描述

对 PLS 评分和 w * c 图进行可视化。

（1）plot. plsda 运用代码。

Plot. plsda（pcx, pcy, scaling）

（2）plot. plsda 参数。

pcx	表示在 x 轴上绘制的主成分的整数
pcy	表示在 y 轴上绘制的主成分的整数
scaling	一个字符串，表示之前在函数 explorer. data 中指定的缩放类型

（3）plot. plsda 细节。

评分和 w * c 被图形化可视化，并写入目录"PLS-DA"。

（4）Plot. pca. pvalues 结果。

Plot. plsda（pcx = 1, pcy = 2, scaling = " pareto"）#输出选定主成分的得分图和载荷图结果#

因此，我们选择第 1 和第 3 主成分作图。由得分图（图 8-14）可知，第 1 主成分区分了食用榨菜小鼠和未食用榨菜小鼠；第 2 主成分区分了盐渍榨菜和未盐渍榨菜处理小鼠，以及正常小鼠和模型小鼠：正常小鼠与未盐渍榨菜喂养小鼠在第 2 主成分上方，模型小鼠与盐渍榨菜小鼠在下方，说明小鼠同时摄入高脂膳食和榨菜，可以让血清代谢图谱维持在接近正常的状态。载荷图中（图 8-15），越是远离中心点的变量，对得分图中分类的贡献越大。

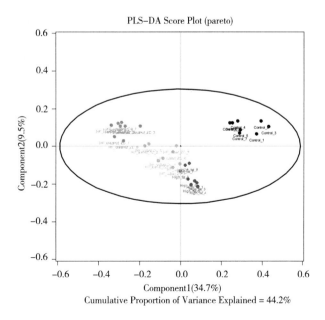

图 8-14　由案例绘制 PLS-DA 主成分的得分图

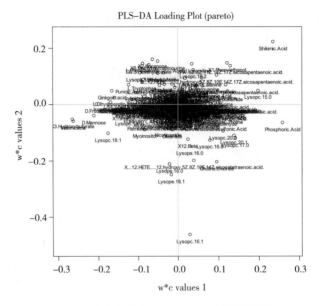

图 8-15　由案例绘制 PLS-DA 主成分的载荷图

8.3.5　OPLS-DA 介绍

muma 提供了一种具有高分类能力的多元监督技术：OPLS-DA。此功能只需要"scaling"类型，并执行 OPLS-DA；图形化结果以 OPLS 分数和相应的 S-plot 的形式自动生成。创建了一个名为"OPLS-DA"的新目录，并在这里保存了 OPLS 得分和 S-plot，以及正定矩阵（X-deflated. csv），即从原始数据集的 OSC 过滤导出的矩阵。此外，在该目录中创建了一个名为"PCA_OPLS"的文件夹，或称为"OPLS-DA"，包含 Score 和 Loading 图，以及在 X-deflated 矩阵上进行的 PCA 的所有其他数据。OPLS-DA 只能在由两个类组成的数据集中执行。如果使用两个以上的分组来启动该函数，则该函数可以工作，但这可能在统计上是不正确的，并且产生的信息不能与其他统计技术的结果一致。当 PCA 结果受到高水平的噪声影响或掩盖时，统计技术如 PLS-DA 和 OPLS-DA 可以非常有用地突出样本/组差异。总之，这些技术是有监督的，因此这些算法很容易找到样本组内/之间的相似性/差异性：有时，PLS 或 OPLS 算法突出的潜在差异可能是这些技术的特殊产物，以发现变量和样本组之间的相关性。因此，这种监督技术产生的结果应该经过严格检查，并通过实验予以验证。因此，在组学分析中，如果数据采集是第一步，则本身介绍的数据挖掘是第二步，而实验验证关键靶点或标志物是第三步。

oplsda 描述

用 OSC 滤波器进行偏最小二乘法判别分析。

（1）plsda 运用代码。

oplsda（scaling="pareto"）

（2）plsda 参数。

scaling	一个字符串，表示之前在函数 explorer. data 中指定的缩放类型

（3）plsda 细节。

需要"缩放"类型来确定在 OPLS 分析中必须使用哪个缩放表。OPLSDA 评分图和对应的 S 图被写入"OPLS-DA"文件夹中。

（4）plsda 结果。

oplsda（scaling="pareto"）#进行 OPLS-DA 计算#

首先要申明的是，本案例与文献中一样，均对多组（超过上述的 2 组界限）数据进行了 OPLS-DA 分析，虽能输出结果，但并不一定正确。但最好的做法是，只利用 OPLS-DA 分析两组数据。与 PCA 得分图一样，OPLS-DA 得分图（图 8-16）也能呈现置信区间。S-plot（图 8-17）与载荷图类似，越远离原点，对分类的贡献越大。此外，延 y 轴，绝对值越大意味着重现性越好；延 x 轴，绝对值越大差异越大。通常，我们通过交叉选择在 PLS-DA 和 OPLS-DA 分析中都可能是潜在标志物的结果作为代谢差异池，再通过单因变量分析把其中差异不显著变量剔除。然后就可以进行代谢通路等系列分析，并利用实验进行验证。

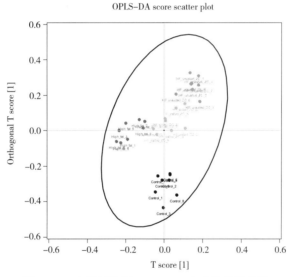

图 8-16　由案例绘制 OPLS-DA 主成分的得分图

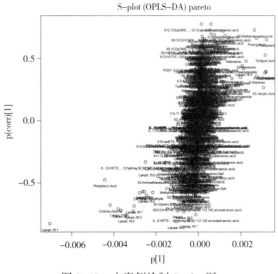

图 8-17　由案例绘制 S-plot 图

8.4 练习题

五星枇杷，去皮去核后，用真空冷冻干燥和真空干燥（70℃和140℃）进行干燥处理，随后用液质联用仪分析其中的多酚化合物（μg/g d. b.）。结果见表 8-1，请对这些数据进行 PCA 和单因变量分析。

表 8-1 五星枇杷不同干燥处理后多酚化合物含量测定结果 （μg/g d. b.）

Samples	Vacuum freeze drying			Vacuum drying 140℃			Vacuum drying 70℃		
Chlorogenic acid	48.80	47.62	44.74	25.97	24.57	26.65	17.77	18.23	19.20
Procyanidine B2	0.01	0.01	0.01	0.00	0.00	0.00	0.00	0.00	0.00
Gallic acid	0.01	0.00	0.00	0.01	0.01	0.01	0.36	0.34	0.34
Procyanidine B1	0.17	0.15	0.14	0.00	0.00	0.00	0.00	0.00	0.00
Pyrogallic acid	0.53	0.52	0.42	1.14	1.09	1.21	1.25	1.56	1.39
Cryptochlorogenic acid	3.48	3.11	2.87	17.20	15.30	16.70	8.02	8.13	8.35
Protocatechuic acid	32.13	28.65	26.67	16.51	16.59	15.53	26.27	26.98	23.98
Procyanidine B3	0.36	0.37	0.34	0.00	0.00	0.00	0.00	0.00	0.00
Procyanidine C	1.14	0.99	1.09	0.00	0.00	0.00	0.00	0.00	0.00
Phthalic acid	0.88	0.88	0.72	1.23	1.32	1.31	2.05	1.63	1.81
Caffeic acid	2.19	2.56	2.25	3.93	3.90	3.74	5.03	4.94	4.08
Syringic acid	0.00	0.00	0.00	0.12	0.11	0.17	0.06	0.06	0.06
Vanillic acid	0.00	0.00	0.00	0.03	0.04	0.05	0.03	0.04	0.03
Rutin	0.11	0.09	0.05	0.05	0.04	0.07	0.10	0.05	0.07
Isoquercetin	0.04	0.04	0.04	0.02	0.02	0.02	0.01	0.01	0.01
Quercetin-7-O-β-D-glucopyranoside	0.05	0.07	0.07	0.05	0.04	0.04	0.02	0.01	0.02
4-Hydroxycinnamic acid	0.17	0.20	0.17	0.39	0.39	0.46	1.46	1.48	1.24
P-Coumaric acid	0.06	0.06	0.06	0.13	0.13	0.16	0.50	0.51	0.43

续表

Samples	Vacuum freeze drying			Vacuum drying 140℃			Vacuum drying 70℃		
Procyanidine A2	0.09	0.08	0.06	0.00	0.00	0.00	0.00	0.00	0.00
Narirutin	0.06	0.07	0.10	0.05	0.06	0.05	0.13	0.15	0.16
Ferulic acid	0.10	0.08	0.03	0.19	0.14	0.18	0.30	0.23	0.22
Hesperidin	1.02	0.75	0.76	3.22	2.81	2.83	0.80	0.86	0.78
Phlorizin	0.01	0.01	0.01	0.01	0.01	0.01	0.00	0.00	0.00
Salicylic acid	0.35	0.32	0.37	0.32	0.31	0.35	0.20	0.22	0.19
Quercetin	0.23	0.23	0.20	0.13	0.12	0.12	0.19	0.19	0.15
Cinnamic acid	0.00	0.00	0.00	0.04	0.04	0.03	0.13	0.12	0.10
Phloretin	23.42	23.30	23.89	20.52	20.64	20.65	14.34	14.30	14.36
Kaempferol	0.04	0.02	0.02	0.08	0.06	0.13	0.12	0.09	0.08
Hesperetin	2.84	2.86	2.90	2.61	2.66	2.63	1.66	1.81	1.62
6, 8-diprenylgenistein	0.26	0.19	0.21	0.13	0.12	0.15	0.08	0.08	0.08
Luteolin	0.00	0.00	0.00	0.01	0.02	0.01	0.00	0.00	0.00
p-Hydroxybenzonic acid	0.33	0.30	0.35	0.30	0.30	0.33	0.19	0.21	0.00

8.5 参考文献

［1］ Ulaszewska M M, Weinert, C H, Trimigno A, et al. Nutrimetabolomics: an integrative action for metabolomic analyses in human nutritional studies ［J/OL］. Molecular Nutrition & Food Research, 2019, 63 (1): e1800384. https: //doi. org/10.1002/mnfr. 201800384.

［2］ Li W, Chen C, Chen M, et al. Salted and unsalted Zhàcài (Brassica juncea var. tumida) alleviated high-fat diet-induced dyslipidemia by regulating gut microbiota: A multiomics study ［J］. Molecular Nutrition & Food Research, 2020, 64 (24): 202000798.

［3］ Gaude E, Chignola F, Spiliotopoulos D, et al. Muma: An R package for metabolomics univariate and multivariate statistical analysis ［J］. Current Metabolomics, 2013, 1: 180-189.

［4］ Li W, Wang X, Zhang J, et al. Multivariate analysis illuminates the effects of vacuum drying on the extractable and nonextractable polyphenols profile of loquat fruit. Journal of Food Science, 2019, 84 (4), 726-737.

第 9 章　基于 mixOmics 的多组学分析

9.1　mixOmics 简介

高通量技术的出现带来了大量公开可用的组学数据，这些数据来自不同的来源，如转录组学、蛋白质组学、代谢组学。结合这样大规模的生物学数据集可以发现重要的生物学见解，前提是相关信息可以以整体的方式提取。目前的统计方法一直专注于识别小的分子子集（一种"分子特征"）来解释或预测生物条件，但主要是针对单一类型的"组学"。此外，常用的方法是单变量的，并独立考虑每个生物特征。我们引入 mixOmics，一个专门用于生物数据集的多变量分析的 R 包，专注于数据探索、降维和可视化。通过采用系统生物学方法，该工具包提供了广泛的方法，一次性统计集成多个数据集，以探测异质组学数据集之间的关系。我们最近的方法将预测潜在结构（PLS）模型扩展到判别分析，用于跨多个组学数据或跨独立研究的数据整合，以及分子特征的识别。最新的 mixOmics 用于对软件包中可用的组学数据进行多元分析。

多变量方法非常适合大型组学数据集，其中变量（如基因、蛋白质、代谢物）的数量远大于样本（患者、细胞、小鼠、食品）的数量。它们具有通过使用工具变量（组件）来降低数据维度的吸引人的特性，工具变量（组件）被定义为所有变量的组合。然后使用这些组件生成有用的图形输出，以便更好地理解集成的不同数据集之间的关系和相关结构。mixOmics 为生物数据集的探索和整合提供了广泛的多元方法，特别关注变量选择。该软件包提出了几个我们开发的稀疏多元模型，以识别高度相关的关键变量，和（或）解释感兴趣的生物学结果。mixOmics 可以处理缺失的值，实现了稀疏偏最小二乘和稀疏判别分析的单数据集方法，以及 N-integration（同样的样品测定了不同组学）和 P-integration（不同样品测定了同一组学）的多数据集方法。

9.2　N-integration 方法

由于笔者没有符合 mixOmics 分析的数据样本。本案例使用 mixOmics 自带的数据进行案例分析，分析结果可能会因为 R 软件版本原因存在差异性。

9.2.1　两组学的稀疏的偏最小二乘法（sPLS）分析

偏最小二乘或潜在结构的投影，PLS 是一种初步的，基于可延展的多元投影方法。它可以用来探索或解释两个连续数据集之间的关系。与其他投影方法一样，PLS 从每个数据集中寻找变量的线性组合，以降低上述数据的整体维度。PLS 和 CCA 之间的主要区别是 PLS 最大化潜在变量之间的协方差，而不是相关性，它能够同时建模多个响应变量，以及处理噪声，相关变量。

当 P+Q>N，其中 P 为第一个数据集中的变量数量，Q 为第二个数据集中的变量数量，N 为每个数据集中的样本数量。因此，在处理通常具有高维、包含相关变量的组学数据时，它是一种非常强大的算法。

虽然 PLS 是高效的，但当对高维数据进行操作时，其可解释性受到显著影响。稀疏偏最小二乘（sPLS）是这个问题的答案，它能够在两个数据集上同时执行变量选择。这是通过包括加载向量的 LASSO 惩罚来完成的，以减少构建潜在变量时使用的原始变量的数量。

9.2.1.1　数据输入

肝脏毒性数据集是在一项研究中生成的，在这项研究中，大鼠受到不同水平的对乙酰氨基酚的影响。mixOmics 肝脏毒性数据集通过 liver. toxicity 访问：

liver. toxicity$fene（连续矩阵）：64 行 3116 列。64 只被试大鼠 3116 个基因的表达量测定。

liver. toxicity$clinic（连续矩阵）：64 行 10 列，包含相同 64 个受试者的 10 个临床变量。

liver. toxicity$treatment（连续/分类矩阵）：64 行 4 列，包含 64 名受试者的治疗信息，如对乙酰氨基酚的剂量和检测时间。

```
library（mixOmics）#加载 mixOmics 包#
set. seed（5249）#为了再现性，取出正常使用#
data（liver. toxicity）#提取肝毒性数据集#
X<-liver. toxicity$gene#将基因表达数据作为 X 矩阵#
Y<-liver. toxicity$clinic#以临床资料为 Y 矩阵#
dim（X）#检查 X 数据框的尺寸，输出结果见图 9-1#
```

[1]　　64 3116

图 9-1　X 数据框的尺寸

9.2.1.2　初步分析：主成分分析

在进行任何形式的多组学分析之前，都应该研究这两个数据集。这将有助于在尽可能构建最佳模型时做出决策。PCA 是一种无监督的探索性方法，在这里很有用。当在这些数据集上使用 PCA 时，由于每个变量（特别是 Y 数据框架）的规模不同，两者都应该居中和缩放。最好先运行具有大量组件（即 ncomp=10）的 PCA。然后，使用条形图的"拐点"（突然下降）选择最终数量。

```
pca. gene<-pca（X，ncomp=10，center=TRUE，scale=TRUE）
pca. clinic<-pca（Y，ncomp=10，center=TRUE，scale=TRUE）
#分别对基因和临床数据的数据集进行分析#
```

9.2.1.3　pca 函数介绍

pca 描述

对可能包含缺失值的给定数据矩阵执行主成分分析。如果数据是完整的，"pca"使用奇异值分解，如果有一些缺失值，它使用 NIPALS 算法。

（1）pca 运用代码。

pca（X，ncomp＝2，center＝TRUE，scale＝FALSE，max. iter＝500，tol＝1e－09，logration＝'none'，ilr. offset＝0. 001，V＝NULL，multilevel＝NULL）

（2）pca 参数。

X	一种为主成分分析提供数据的数字矩阵（或数据框）。它可能包含缺失的值
ncomp	如果数据是完整的，ncomp 决定 pcasvd 算法显示的分量和作为关联的特征值的数量，如果数据有缺失值，ncomp 给出要保留的分量的数量，以便使用 NIPALS 算法进行数据重构。如果 NULL，函数设置 ncomp＝min（nrow（X），ncol（X））
center	一个逻辑值，指示变量是否应该移到以零为中心。或者，可以提供一个长度等于 X 的列数的向量。该值被传递给 scale
scale	一个逻辑值，指示在进行分析之前是否应该将变量缩放到具有单位方差。为了与 prcomp 函数保持一致，默认值为 FALSE，但通常情况下缩放是可取的。或者，可以提供一个长度等于 X 的列数的向量。该值被传递给 scale
max. iter	整数，NIPALS 算法的最大迭代次数
tol	一个正值，在 NIPALS 算法中使用的公差
logration	（"none""CLR""ILR"）之一。指定对数比率转换，以处理排序数据中可能由特定规范化产生的成分值。默认为"没有"
ilr. offset	当 logration 设置为"ILR"时，必须输入偏移量，以避免在 logration 转换后无穷大，默认为 0. 001
V	在提供的对数变换 id 中使用的矩阵
multilevel	重复测量的多级分解的样本信息

（3）pca 细节。

如果数据完整，则通过对数据矩阵（可能居中和缩放）的奇异值分解进行计算，如果数据缺失，则通过使用 NIPALS 算法进行计算。与 princomp 不同，这些对象的输出方法以良好的格式打印结果，而 plot 方法产生一个由主成分（PCs）解释的方差百分比的条形图。

当使用 NIPALS（缺失值）时，我们假设第一个 min（ncol（X），nrow（X））主成分将占被解释方差的 100%。注意，如果有 0 或常量（对于 center＝TRUE）变量，则不能使用 scale＝ TRUE。

Filzmoser 等人认为，ILR 对数比变换更适合于含有成分数据的 PCA。CLR 和 ILR 都有效。在此基础上，通过逻辑变换和多层分析作为内部预处理步骤。分别转换和 withinVariation。logration 只能在数据不包含任何 0 值的情况下应用（对于计数数据，我们因此建议用 1 偏移量对原始数据进行规范化）。对于 ILR 转换和附加偏移可能需要。

（4）pca 参数值。

ncomp	使用的主成分的数量
sdev	协方差/相关矩阵的特征值，尽管计算实际上是用数据矩阵的奇异值或使用 NIPALS
rotation	可变载荷的矩阵（即列包含特征向量的矩阵）
loadings	就像"rotation"一样保持 mixOmics 的支持
x	旋转数据的值［中心数据（如果请求，可缩放）乘以旋转/加载矩阵］，也称为主分量
variates	和"x"一样，以保持 mixOmics 的支持
center，scale	所使用的中心和缩放，或 FALSE
explained_variance	来自多元模型的解释方差，用于 plotIndiv

plot（pca. gene）

plot（pca. clinic）

#输出 pca 结果图#

两个数据集的每个主成分的解释方差可以在图 9-2 和图 9-3 中看到。在这两种情况下，使用"突变"法表明两个主成分就足够了。除此之外，进一步增加的主成分可以提供的新信息很少。下一步是评估样本在主成分子空间中的聚类。

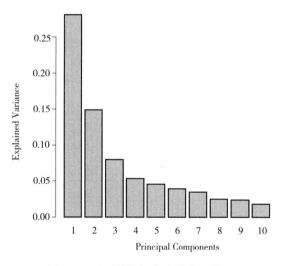

图 9-2　基因数据的主成分分析结果

plotIndiv（pca. gene，comp = c（1，2），group = liver. toxicity$treatment［，4］，ind. names = liver. toxicity$treatment［，3］，legend = TRUE，title = ' Liver gene，PCA comp 1-2' ）

plotIndiv（pca. clinic，comp = c（1，2），group = liver. toxicity$treatment［，4］，ind. names = liver. toxicity$treatment［，3］，legend = TRUE，title = ' Liver clinic，PCA comp 1-2' ）

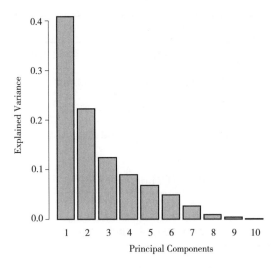

图 9-3　临床数据的主成分分析结果

9.2.1.4　plotIndiv 函数介绍

plotIndiv 描述

该函数为（稀疏的）（I）PCA 中的个体（实验单位）表示提供散点图，（常规的）CCA，（稀疏的）PLS（DA）和（稀疏的）（R）GCCA（DA）。

（1）运用代码。

plotIndiv（object，comp = NULL，rep. space = NULL，ind. names = TRUE，group，col. per. group，style = "ggplot2"，ellipse = FALSE，ellipse. level = 0. 95，centroid = FALSE，star = FALSE，title = NULL，subtitle，legend = FALSE，X. label = NULL，Y. label = NULL，Z. label = NULL，abline = FALSE，xlim = NULL，ylim = NULL，col，cex，pch，pch. levels，alpha = 0. 2，axes. box = "box"，layout = NULL，size. title = rel（2），size. subtitle = rel（1. 5），size. xlabel = rel（1），size. ylabel = rel（1），size. axis = rel（0. 8），size. legend = rel（1），size. legend. title = rel（1. 1），legend. title = "Legend"，legend. title. pch = "Legend"，legend. position = "right"，point. lwd = 1，background = NULL，...）

#上述格式的代码适用于 mixo_pls#

plotIndiv（object，comp = NULL，study = "global"，rep. space = NULL，group，col. per. group，style = "ggplot2"，ellipse = FALSE，ellipse. level = 0. 95，centroid = FALSE，star = FALSE，title = NULL，subtitle，legend = FALSE，X. label = NULL，Y. label = NULL，abline = FALSE，xlim = NULL，ylim = NULL，col，cex，pch，layout = NULL，size. title = rel（2），size. subtitle = rel（1. 5），size. xlabel = rel（1），size. ylabel = rel（1），size. axis = rel（0. 8），size. legend = rel（1），size. legend. title = rel（1. 1），legend. title = "Legend"，legend. position = "right"，point. lwd = 1，...）

#上述格式的代码适用于 mint. spls#

plotIndiv（object，comp = NULL，blocks = NULL，ind. names = TRUE，group，col. per. group，style = "ggplot2"，ellipse = FALSE，ellipse. level = 0. 95，centroid = FALSE，star = FALSE，title =

NULL，subtitle，legend = FALSE，X. label = NULL，Y. label = NULL，Z. label = NULL，abline = FALSE，xlim = NULL，ylim = NULL，col，cex，pch，pch. levels，alpha = 0. 2，axes. box = "box"，layout = NULL，size. title = rel（2），size. subtitle = rel（1. 5），size. xlabel = rel（1），size. ylabel = rel（1），size. axis = rel（0. 8），size. legend = rel（1），size. legend. title = rel（1. 1），legend. title = " Legend "，legend. title. pch = " Legend "，legend. position = " right "，point. lwd = 1，…）

#上述格式的代码适用于 sgcca#

（2）plotIndiv 参数。

object	从任何 mixOmics 继承的类对象：PLS、sPLS、PLS - DA、sPLS - DA、rCC、PCA、sPCA、IPCA 等
comp	长度为 2（或 3 到 3d）的整数向量。在水平轴和垂直轴上分别用来投射个体的组件
rep. space	对于"pca""plsda"类的对象，"plsda"默认为"X - variate"。对于类"pls"的对象，"rcc"默认是一个表示每个数据子空间的面板图。对于"rgcca"和"sgcca"类的对象，需要指定表示块数据集的数值
blocks	使用 GCCA 模块绘制数据集名称的整数值
study	指示要绘制哪些特定于研究的输出。一个字符向量，包含 object$study 的一些水平，"all. partial"绘制所有的研究或"整体"的预期。默认为"全部"
ind. names	要绘制的样品的名字字符向量，或者不命名的 FALSE。如果为 TRUE，则使用第一（或第二）数据矩阵的行名作为名称（参见详细信息）
group	表示每个样本的分组关系的因子，对椭圆图有用。默认编码为监督方法 PLS - DA、sPLS - DA、sGCCDA；但也可以用于输出无监督方法，单分组信息不用于计算，如 PCA、sPCA、IPCA、sIPCA、PLS、sPLS、rCC、rGCCA、sGCCA
col. per. group	定义"组"时使用的字符（或符号）颜色。向量长度与组数相同
style	参数可以设置为 ' graphics' ' lattice' ' ggplot2 ' 或 ' 3d'，表示绘图样式。默认设置为 ' ggplot2'。3D 不适用于 MINT 对象
ellipse	指示是否应该绘制椭圆图的逻辑值。在非监督对象 PCA、sPCA、IPCA、sIPCA、PLS、sPLS、rCC、rGCCA、sGCCA 中，只有提供参数组时才绘制椭圆图。在 PLS - DA、SPLS - DA、sGCCDA 监督对象中，默认情况下会根据结果 Y 绘制椭圆
ellipse. level	当椭圆 = TRUE（即椭圆的大小）时，表示绘制椭圆的置信水平的数值。对于 95% 的区域，默认设置为 0. 95
centroid	指示是否应绘制质心点的逻辑值。在非监督对象 PCA、sPCA、IPCA、sIPCA、PLS、sPLS、rCC、rGCCA、sGCCA 中，只有提供了参数组，才会绘制质心。质心将根据组类别计算。在监督对象 PLS - DA、SPLS - DA、sGCCDA 中根据结果 Y 计算质心

star	逻辑值，指示是否应该绘制星图，箭头从质心开始（参见参数质心，每个样本属于每个组或结果的结束）。在非监督对象 PCA、sPCA、IPCA、sIPCA、PLS、sPLS、rCC、rGCCA、sGCCA 星图只在提供参数组时绘制。在监督对象 PLS－DA、SPLS－DA、sGCCDA 中，根据输出 Y 绘制星图
title	指示标题的文本
subtitle	每个图的副标题，仅在多个图或研究被绘制时使用
legend	逻辑值。是否需要添加图例。默认是 FALSE
X. label	X 轴标题
Y. label	Y 轴标题
Z. label	Z 轴标题。如果为 3D 图可用
abline	穿过中心的垂直线和水平线应该画出来吗？默认设置为 FALSE
xlim，ylim	长度为 2 和 length＝length（块）的向量的数字列表，给出 X 和 Y 坐标范围
col	要使用的字符（或符号）颜色，可能是向量
cex	数字字符（或符号）的扩大，可能是向量
pch	标记的属性。由单个字符或整数组成的字符串或向量
pch. levels	仅当 pch 与 col 或 col. per 不同时使用。只用于图例
alpha	半透明颜色（0<α<1）
axes. box	对于样式'3d'，参数设置为'axes''box''bbox'或'all'，定义盒子的形状
layout	传递给 mfrow 的布局参数。只在非全局研究时使用
size. title	标题的大小
size. subtitle	副标题的大小
size. xlabel	X 轴标记的大小
size. ylabel	Y 轴标记的大小
size. axis	轴的大小
size. legend	图例的大小
size. legend. title	图例标题的大小
legend. title	图例标题
legend. title. pch	pch 创建的第二个图例的标题（如果有的话）
legend. position	图例的位置"底部""左边""顶部"和"右边"之一
point. lwd	当 ind. names＝FALSE 时使用的点的线宽
background	根据预测类对背景上色，参见 background. predict
…	可以使用 style＝'graphics' 添加外部参数或类型 par

（3）plotIndiv 细节。

plotIndiv 方法根据投影的子空间对样本进行散点图表示。每个点对应一个样本。

如果 ind. names＝TRUE 且行名为 NULL，则 ind. names＝1：n，其中 n 是独立的行数。此

外，如果 pch 是一个输入，那么 ind. names 将设置为 FALSE，因为我们不同时显示名称和形状。

plotIndiv 可以有两层图例。当您有两个分组因素（例如性别效应和研究效应），并且希望在图形输出上同时突出显示这两个因素时，这尤其方便。第一层由组因子编码，第二层由 pch 参数编码。

当 pch 缺失时，单层图例显示。如果缺少分组因子，则使用 col 参数创建分组因子组。当需要第二个分组因子并通过 pch 添加时，pch 需要是一个长度为样本数的向量。在这种情况下，pch 是一个向量或组的长度，那么我们认为用户希望对组的每一层使用不同的 pch。这导致一个单层图例，我们合并 col 和 pch。在类似的情况下，pch 是一个值，那么这个值用来表示所有的样本。有关 plsda 和 splsda 类的对象。

在单个组学监督模型（plsda，splsda）的具体情况下，用户可以通过背景输入参数，将预测结果叠加到样本图中，以可视化每个类别的预测区域。注意，这个功能只适用于少于 2 个分量的模型，因为高阶分量得到的曲面不能以有意义的方式投影到 2D 表示上。要了解更多细节，请参阅 background. predict。

对于定制的绘图（例如，添加点、文本），使用 style ='graphics'（默认为 ggplot2）。

从图 9-4 和图 9-5 可以看出，这些样本不按剂量或暴露时间聚集。虽然这不能提供有关数据的直接信息，但可以推断，这两种处理特征都不是区分不同样本组的主要因素。

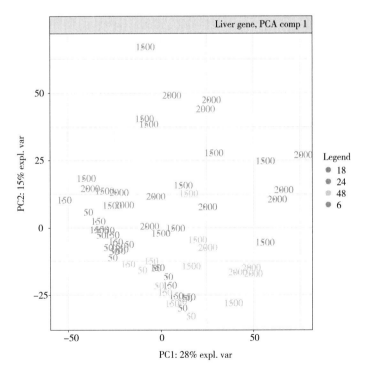

图 9-4　基因数据的主成分分析散点图

9.2.1.5　最初的 sPLS 模型

需要创建一个基本的 sPLS 模型，以便对其进行优化和调优。注意，由于没有 keepX 或

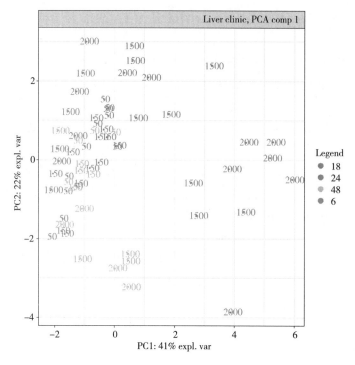

图 9-5　临床数据的主成分分析散点图

keepY 参数被传递到函数中，目前它相当于 pls（）函数。sPLS 的回归模式作为基因表达数据正试图用于解释临床数据。

spls. liver<-spls（X = X，Y = Y，ncomp = 5，mode =' regression'）

sPLS 描述

函数执行稀疏偏最小二乘（sPLS）。sPLS 方法在一步策略中同时对两个数据集进行集成和变量选择。

（1）sPLS 运用代码。

spls（X，Y，ncomp = 2，mode = c（" regression "，" canonical "，" invariant "，" classic "），keepX，keepY，scale = TRUE，tol = 1e－06，max. iter = 100，near. zero. var = FALSE，logration = " none "，multilevel = NULL，all. outputs = TRUE）

（2）sPLS 参数。

X	数值矩阵的预测。NAs 是允许的
Y	数值向量或矩阵的响应（多响应模型）。NAs 是允许的。对于多级分析，可以接受最多两列的数据框架
ncomp	模型中包含的主成分数量（参见详细信息）。Default 设置为从 1 到 X 的秩
mode	字符串。使用什么类型的算法，（部分）匹配 "regression" "canonical" "invariant" 或 "classic"。看到的细节
keepX	长度为 ncomp 的数值向量，X 加载中要保留的变量的数量。默认情况下，所有变量都保存在模型中

续表

keepY	长度为 ncomp 的数值向量，是 Y 加载中要保留的变量的数量。默认情况下，所有变量都保存在模型中
scale	逻辑值。如果 scale=TRUE，每个块（block）被标准化为 0 的平均值和单位方差（默认值：TRUE）
tol	停止收敛值
max. iter	整数，最大迭代次数
near. zero. var	逻辑值，请参阅内部的 nearZeroVar 函数（应该设置为 TRUE，特别是对于有许多 0 值的数据）。将该参数设置为 FALSE（适当时）将加快计算速度。默认值为 FALSE
logration	（"没有""CLR"）之一。默认为"没有"
multilevel	设计重复测量分析矩阵，其中需要多级分解。对于单因素分解，重复测量每个个体，即个体 ID 作为第一列输入。对于 2 级因子分解，然后后第 2 列和第 3 列表示这些因子
all. outputs	逻辑值。当不计算某些特定的（非必要的）输出时，计算速度会更快。默认=TRUE

（3）细节。

sPLS 函数适合 sPLS 模型与 1，…ncomp 成分。完全支持多响应模型。X 和 Y 数据集可能包含缺失的值。

要使用的算法类型是用 mode 参数指定的。四种 PLS 算法可用：PLS 回归（"regression"），PLS 规范分析（"canonical"），冗余分析（"invariant"）和经典 PLS 算法（"classic"）。

利用 nipals 函数重构数据矩阵来估计缺失值。否则，在 sPLS 函数中按大小写删除丢失的值，而不需要删除丢失数据的行。

在此基础上，通过 logratio. transfo 和 withinVariation 分别进行对数转换和多水平分析。

多水平 sPLS 允许集成在同一个体上的两个不同数据集上测量的数据。这种方法不同于多水平 sPLS-DA，其目的是从两个样本之间高度正相关或负相关的数据集中选择变量子集。该方法是无监督的，即不包括关于样本组的先验知识。

（4）sPLS 参数值。

X	中心和标准化的原始预测矩阵
Y	中心和标准化的原始响应向量或矩阵
ncomp	模型中包含的主成分数量
mode	该算法用于拟合模型
keepX	在每个主成分的模型中保留 X 变量的数量
keepY	在每个主成分的模型中保留 Y 变量的数量
variates	包含变量的列表
loadings	列表，包含 X 和 Y 变量的估计载荷

names	包含用于个人和变量的名称的列表
tol	迭代算法中使用的容差，用于后续的 S3 方法
iter	每个主成分的算法迭代次数
max. iter	用于后续 S3 方法的最大迭代次数
nzv	包含零或接近零的预测器信息的列表
scale	每个预测器是否应用缩放
logration	是否 log 比转换，如果采用，是哪种类型的变换
explained_variance	每个分量被解释的方差量（注意，与 PCA 相反，该方法的目的不是最大化方差，而是数据集之间的协方差）
input. X	在任何销售/对数比例/多水平转换之前，输入 X 中预测因子的数字矩阵
mat. c	由回归矩阵的系数 X/残差矩阵 X 对 X-变量，用于内部预测
defl. matrix	每个维度的残差矩阵 X

9.2.1.6　调试 sPLS

为了选择主成分的数量，设置 ncomp 的参数，主成分的数量可以从 10 个减少到一个更合适的值。与 mixOmics 中的大多数其他方法一样，这是通过 perf( ) 函数完成的。这里，它使用了一个重复的交叉验证过程（10 次，5 次）。当在 PLS 或 sPLS 对象上使用此函数时，用于优化的适当标准是 Q^2 措施，该措施已扩展到 PLS。其他 ［包括预测的均方误差（MSEP）和 R^2］可以通过结果对象访问。

perf. spls. liver<-perf（spls. liver，validation='Mfold'，folds=10，nrepeat=5）#重复 CV 调优组件计数#

plot（perf. spls. liver，criterion='Q2. total'）

perf 描述

函数评估拟合的 PLS，sPLS、PLS-DA，sPLS-DA，MINT（mint. splsda）和 DIABLO（block. splsda）模型的性能，使用各种标准。

（1）perf 运用代码。

perf（object，validation=c（"Mfold"，"loo"），folds=10，progressBar=TRUE，...）#方法对于 mixo_pls#

perf（object，validation=c（"Mfold"，"loo"），folds=10，progressBar=TRUE，...）#方法对于 mixo_spls#

perf（object，dist=c（"all"，"max. dist"，"centroids. dist"，"mahalanobis. dist"），validation=c（"Mfold"，"loo"），folds=10，nrepeat=1，auc=FALSE，progressBar=TRUE，cpus，...）#方法对于 mixo_plsda#

perf（object，dist=c（"all"，"max. dist"，"centroids. dist"，"mahalanobis. dist"），validation=c（"Mfold"，"loo"），folds=10，nrepeat=1，auc=FALSE，progressBar=TRUE，cpus，...）#方法对于 mixo_splsda#

perf（object，dist = c（"all"，"max. dist"，"centroids. dist"，"mahalanobis. dist"），auc = FALSE，progressBar = TRUE，…）#方法对于 mint. splsda#

perf（object，dist = c（"all"，"max. dist"，"centroids. dist"，"mahalanobis. dist"），validation = c（"Mfold"，"loo"），folds = 10，nrepeat = 1，cpus，…）#方法对于 sgccda#

（2）perf 参数。

object	继承自"pls" "plsda" "spls" "splsda" 或"mint. splsda" 的类对象 该函数将检索存储在该对象中的一些关键参数
dist	仅适用于从"plsda" "splsda" 或"mint" 继承的对象。以评估模型的分类性能。应该是 "max. dist" "centroids. dist" "mahalanobis. dist"。默认设置是"所有"
validation	特征。使用什么样的（内部）验证，匹配 "Mfold" 或 "loo"。默认设置是 "Mfold"
folds	Mfold 交叉验证中的倍数改变
nrepeat	重复交叉验证过程的次数。这是一个重要的论点，以确保性能的估计尽可能准确
auc	如果为 TRUE，计算模型的曲线下面积（AUC）性能
progressBar	默认设置为 TRUE，输出计算的进度条
cpus	并行运行代码时使用的 cpu 数量
…	未使用

（3）perf 细节。

过程。所有 pls 推导方法对拟合模型对象性能的评估过程都是相似的；交叉验证方法用于在数据的 folds−1 子集上拟合对象方法，然后对遗漏的子集进行预测。不同的模型有不同的性能度量。诸如 logratio、multilevel、keepX 或 keepY 等参数都是从 object 中检索的。

参数。如果 validation = "Mfold"，则执行 M-fold 交叉验证。fold 指定要生成的折叠数。折叠也可以作为一个向量列表提供，其中包含定义 split 产生的每个折叠的索引。当使用 validation = "Mfold" 时，请确保重复该过程的次数（因为结果将高度依赖于随机分割和样本大小）。

如果 validation = "loo"，则执行省略交叉验证（在这种情况下，不需要重复这个过程）。

性能的措施。对于拟合的 PLS 和 sPLS 回归模型，perf 估计预测的均方误差（MSEP），R^2 和 Q^2，以评估模型的预测性能，使用 M-flod 或留一交叉验证。请注意，只能应用经典模式、回归模式和不变模式。对于 sPLS、MSEP、R^2 和 Q^2 标准在所有倍数上的平均。注意，对于 PLS 和 sPLS 对象，在对数比变换和多水平分析（如果有的话）后对预处理数据进行性能分析。

稀疏的方法。sPLS、sPLS-DA 和 sgccda 函数在几个不同的数据子集（交叉折叠）上运行，并且肯定会得到所选特性的不同子集。这些被总结在输出 features$stable 中，以评估变量在所有倍数改变中被选择的频率。注意，对于 PLS-DA 和 sPLS-DA 对象，对原始数据进行 perf，即在对数比变换和多级分析（如果有的话）的预处理步骤之前。此外，这些方法的分类错误率是平均的所有折叠。

mint. sPLS-DA 函数基于 Leave-one-group-out 交叉验证 [object$study 的每一级都被忽略

（并预测）一次］估计误差，并提供特定于研究的输出（study. specific. error）和全局输出（global. error）。

AUROC。对于 PLS-DA、sPLS-DA，mint. PLS-DA 和 mint. sPLS-DA 方法：如果 auc = TRUE，曲线下面积（area under the curve，AUC）值是根据交叉验证过程中应用于内部测试集的预测函数获得的预测分数计算的，无论是对于所有样本还是针对特定研究的样本（对于 mint 模型）。因此，我们尽量减少过拟合的风险。我们的多元监督方法已经使用了一个基于距离的预测阈值（参见 predict），以最优地确定测试样本的类隶属度。因此，不需要 AUC 和 ROC 来估计模型的性能。我们提供这些产出作为互补的绩效衡量标准。详见 mixOmics 的文章。

预测的距离。详见 predict，以及我们在 mixOmics 文章中的补充材料。

CV 倍数的重复。重复交叉验证意味着整个 CV 过程要重复许多次（nrepeat），以减少不同子集分区之间的可变性。在 Leave-One-Out CV（validation = 'loo'）的情况下，每个样本会被忽略一次（内部设置了 folds = N），因此 nrepeat 默认为 1。

平衡错误率适用于每一类样本数不平衡的情况，它计算错误分类的样本在每一类中的平均比例，并以每一类的样本数加权。在绩效评估过程中，BER 对大多数班级的偏向性较小。

（4）perf 参数值。

MSEP	每个 Y 变量的均方误差预测，只适用于从 "pls" 和 "spls" 继承的对象
R^2	矩阵的 R^2 值的 Y-变量模型为 1，…，ncomp 主成分，只适用于继承自 "pls" 和 "spls" 的对象
Q^2	如果 Y 包含一个变量，Q^2 值的向量，或者一个包含每个 Y-变量的 Q^2 值的矩阵列表。注意，在 sPLS 模型的具体情况下，最好看一下 Q^2。总标准仅适用于从 "pls" 和 "spls" 继承的对象
Q^2. total	一个 Q^2 的向量，为模型 1，…，ncomp 主成分，仅适用于从 "pls" 和 "spls" 继承的对象
features	跨折叠选择的特性列表（$] stable. X 和\$stable. Y）用于从输入对象中获取 keepX 和 keepY 参数
error. rate	对于 PLS-DA 和 sPLS-DA 模型，perf 产生一个分类错误率估计矩阵。这些维数分别对应模型中的主成分和所使用的预测方法。请注意，在任何主成分中报告的错误率都包括指定 keepX 参数的早期主成分中的模型性能（例如，对于 keepX = 20 的主成分 3 报告的错误率已经包括了主成分 1 和 keepX = 20 的匹配模型）。有关 perf 函数的更高级用法，请参阅 www. mixomics. org/methods/spls-da/，并考虑使用 predict 函数
auc	在 nrepeat 上的平均 AUC 值
study. specific. error	给出平衡错误率、总体错误率和每一项研究的每一类错误率的列表
global. error	给出平衡错误率、总体错误率和所有样本每类错误率的列表
predict	长度 ncomp 的列表，生成每个类的每个样本的预测值
class	一个列表，给出了每个 dist 和 ncomp 主成分的每个样本的预测类。直接从预测输出中得到
auc	AUC 值

auc. study	每项研究的 AUC 值
error. rate	预测每个块的 object$X 和每个区域的错误率
error. rate. per. class	预测 object$X 的每个块、每个 dist 和每个类的错误率
predict	每个样本对每个类、每个块和每个主成分的预测值
class	对每个块、每个区域、每个主成分和每个 nrepeat 的每个样本预测类
features	跨折叠选择的特性列表（$stable. X 和$stable. Y）用于从输入对象中获取 keepX 和 keepY 参数
AveragedPredict. class	如果有多个块，则返回在这些块上的平均预测类（使用 max. max 值的 Predict 输出和预测的 max. dist 距离）
AveragedPredict. error. rate	如果有多个块，则返回这些块上的平均预测错误率（使用 AveragedPredict. class 输出）
WeightedPredict. class	如果有多个块，则返回经过这些块的加权预测类（使用 max 值的 Predict 输出和预测的加权 max. dist 距离）
WightedPredict. error. rate	如果有多个块，则返回这些块上加权的平均预测错误率（使用 weightedPredict. class 输出）
MajorityVote	如果有多个块，则在这些块上返回多数类。一个样本的 NA 意味着对于这个特定样本在区块上的预测类别没有共识
MajorityVote. error. rate	如果有多个块，则返回 MajorityVote 输出的错误率
WeightedVote	如果有多个块，则返回块上的加权多数类。一个样本的 NA 意味着对于这个特定样本在区块上的预测类别没有共识
WeightedVote. error. rate	如果有多个块，则返回 WeightedVote 输出的错误率
wights	返回用于加权预测的每个块的权重，包括每个 nrepeat 和每个 fold
choice. ncomp	监督模式；使用单侧 t 检验返回每个预测距离的模型主成分的最佳数量，该检验用于检验当主成分被添加到模型中时平均错误率（预测增益）的显著差异。对于多个块，每个预测框架返回一个最优的 ncomp

在肝毒性数据上调整 PLS 中成分的数量。对于每个成分，显示重复交叉验证（5×10 倍 CV）Q^2 评分。水平线表示 $Q^2 = 0.0975$。条形图表示这些值在重复折叠过程中的变化。

主成分编号调优的输出图（图 9-6）。它在 $Q^2 = 0.0975$ 处包含一条水平线，表示尺寸选择的推荐主成分数。Q^2 值低于此值的主成分不太可能改善模型。在这个例子中，前五个潜在成分，只有第一个成分是充分的。因此，一个潜在变量似乎是充分的。

9. 2. 1. 7　选择变量的数量

keepX 参数。如果采用 PLS1 方法，则平均绝对误差（测量值为 "MAE"）或均方误差（测量值为 "MSE"）是合适的。可以通过 tune. spls（）函数对这些指标进行评估，该函数实现了这些指标的交叉验证度量。

在多变量（PLS2）分析中，MAE 或 MSE 不适合，因为它们不能很好地跨多个响应变量。同样，必须选择 Y 中变量的数量。在 PLS2 环境中有两个评价指标：预测和实际分量之间的

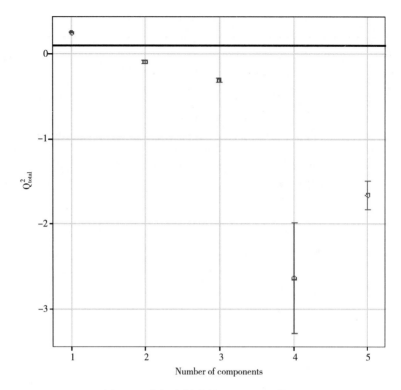

图 9-6 依据案例绘制 perf. spls 调优图

相关性 (度量值 = "cor"), 预测和实际分量之间的残差平方和 (度量值 = "RSS")。在最优情况下, 前者是最大的, 而后者是最小的。注意, RSS 对较大的错误给予更大的权重, 因此对异常值很敏感。它本质上也比相关度量选择了更少的 Y 数据帧上的特征。

list. keepX<-c (seq (20, 50, 5)) #为 X 数据框中使用的变量数量设置测试值的范围#

list. keepY<-c (3: 10) #为 Y 数据框中使用的变量数量设置测试值的范围#

tune. spls. liver <- tune. spls (X, Y, ncomp = 2, test. keepX = list. keepX, test. keepY = list. keepY, nrepeat = 1, folds = 10, mode = 'regression', measure = 'cor') #使用相关度量进行调优#

tune. spls 描述

计算用户输入网格上的 M-fold 或 Leave-One-Out 交叉验证得分, 以确定 sPLS 中稀疏性参数的最佳值。

(1) tune. spls 运用代码。

tune. spls (X, Y, ncomp = 1, test. keepX = c (5, 10, 15), already. tested. X, validation = "Mfold", folds = 10, measure = "MSE", scale = TRUE, progressBar = TRUE, tol = 1e - 06, max. iter = 100, near. zero. var = FALSE, nrepeat = 1, multilevel = NULL, light. output = TRUE, cpus)

（2）tune. spls 参数。

X	数值矩阵的预测。NAs 是允许的
Y	如果（method='spls'）连续响应的数字向量或矩阵（对于多响应模型）NAs 是允许的
ncomp	模型中包含的主成分数量
test. keepX	数值向量，用于从 X 数据集中测试不同数量的变量
already. tested. X	可选，如果 ncomp>1 一个数值向量，表示从 X 数据集中在第一个分量上选择的变量的数量
validation	特征。使用什么样的（内部）验证，匹配 "Mfold" 或 "loo"。默认设置是 "Mfold"
folds	Mfold 交叉验证中的倍数
measure	是 MSE、MAE、Bias、R^2 中的一个。默认为 MSE
scale	逻辑值。如果 scale=TRUE，每个块被标准化为 0 平均值和单位方差（默认值：TRUE）
progressBar	默认设置为 TRUE，输出计算的进度条
tol	停止收敛值
max. iter	整数，最大迭代次数
near. zero. var	逻辑值，请参阅内部的 nearZeroVar 函数（应该设置为 TRUE，特别是对于有许多 0 值的数据）。默认值为 FALSE
nrepeat	重复交叉验证过程的次数
multilevel	设计多水平分析矩阵（用于重复测量），表明对每个样本的重复测量，即样本 ID
light. output	如果设置为 FALSE，则每个测试的每个样本的预测/分类。并返回 keepX 和每个 comp
cpus	并行运行代码时使用的 cpu 数量

（3）tune. spls 细节。

这个调优函数应该用于调优 spls 函数中的参数（组件数量和 keepX 中要选择的变量数量）。

如果 validation="loo"，则执行留一交叉验证。默认情况下，fold 被设置为唯一样本的数量。如果 validation="Mfold"，则执行 M-fold 交叉验证。

生成多少次折叠是通过指定折叠中的折叠次数来选择的。

四种测量精度的方法：平均绝对误差（MAE），均方误差（MSE），偏差和 R^2。MAE 和 MSE 均为模型预测误差的平均值。MAE 测量误差的平均幅度，而不考虑它们的方向。它是 Y 预测值和 Y 实际观测值之间绝对差异的平均值。MSE 还测量误差的平均幅度。由于误差在平均之前是平方的，所以 MSE 倾向于对较大的误差给予相对较高的权重。偏差是 Y 预测和 Y 实际观测之间差异的平均值，R^2 是预测和观测之间的相关性。所有这些测量值都是 PLS2 情况下所有 Y 变量的平均值。我们仍在改进该函数以调优 sPLS2 模型，请联系我们以获得更多详细信息和示例。

该功能输出的最佳数量的组件，以实现最佳性能的基础上选择的准确性的措施。评估是数据驱动的，其中单边 t 检验评估在向模型添加组件时是否有性能提升。

（4）tune. spls 参数值。

error. rate	返回每个测试的预测错误。在每个主成分上的 keepX，在所有重复和子采样折叠上平均。标准偏差也是输出。所有错误率也可用列表
choice. keepX	返回每个主成分上所选变量的数量（最佳 keepX）
choice. ncomp	返回与$choice. keepX 和$choice. keepY 匹配的模型的最佳主成分数量
measure	提醒使用的是哪个标准
predict	每个样本的预测值，每个 test. keepX，test. keepY，每一个主成分，每一次重复。只有 light. output＝FALSE

plot（tune. spls. liver）#输出图形结果#

此调优的输出如图 9-7 所示。对于 keepX 和 keepY 的每个网格值，t 和 u 分量（潜在变量）之间的平均相关系数在重复的交叉验证下显示出来。该值由圆的大小表示。每个维度和数据集的最佳值（这里对应于最高的平均相关性）由绿色正方形表示。

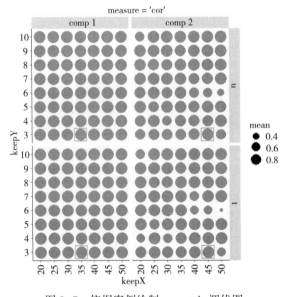

图 9-7　依据案例绘制 tune. spls 调优图

两个数据集使用的最佳特征数量可以通过下面的调用提取（图 9-8、图 9-9）。

tune. spls. liver$choice. keepX

```
comp1 comp2
  35    45
```

图 9-8　keepX 最佳特征数量

tune. spls. liver$choice. keepY

```
comp1 comp2
  3     3
```

图 9-9　keepY 最佳特征数量

这些值将被存储以形成最终的模型。

optimal. keepX<−tune. spls. liver$choice. keepX#为 X 数据框架提取最佳变量数#

optimal. keepY<−tune. spls. liver$choice. keepY#为 Y 数据框架提取最佳变量数#

optimal. ncomp<−length（optimal. keepX）#提取最优主成分数#

9.2.1.8　最终的模型

利用上述优化后的参数，可以构建最终的 sPLS 模型。

final. spls. liver<−spls（X，Y，ncomp = optimal. ncomp，keepX = optimal. keepX，keepY = optimal. keepY，mode = "regression"）#使用上面的所有调优值#

9.2.1.9　出图

图 9-10 和图 9-11 中的 plotIndiv( ) 输出突出显示了两个数据集（基因和临床）中的模式。单个绘图可以显示在三个不同的子空间上：X 变量，Y 变量或平均子空间，其中的坐标是从前两个子空间的平均。这个输出结果表明，尸检的时间比对乙酰氨基酚的消耗量有更大的影响。与上述单个变量 PCA 图相比，sPLS 在每个维度上区分对乙酰氨基酚的低剂量和高剂量以及尸检时间。虽然 sPLS 是一种无监督的方法，并且没有考虑到模型中样本的类别，但图 9-10 对它们的样本进行了分类，以更好地理解样本之间的相似性。

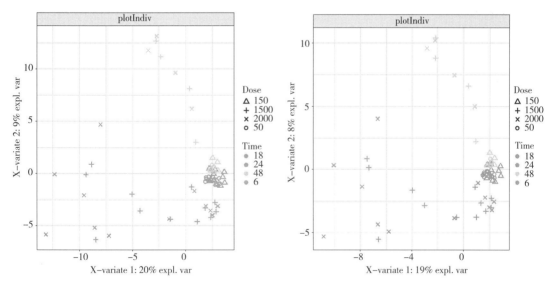

图 9-10　依据案例绘制 X 变量子集样本图

plotIndiv（final. spls. liver，ind. names = FALSE，rep. space = "X−variate"，group = liver. toxicity$treatment $Time. Group，pch = as. factor（liver. toxicity$treatment$Dose. Group），col. per. group = color. mixo（1∶4），legend = TRUE，legend. title = 'Time'，legend. title. pch = 'Dose'）#绘制 X 变量子集#

在肝脏的毒性数据集上绘制 sPLS 的样本图。样本被投影到与每个数据集（或块）相关的组件所跨越的空间中。

plotIndiv（final. spls. liver，ind. names = FALSE，rep. space = "Y−variate"，group = liver. toxicity$

treatment$Time. Group，pch＝as. factor（liver. toxicity$treatment$Dose. Group），col. per. group＝color. mixo（1：4），legend＝TRUE，legend. title＝' Time'，legend. title. pch＝' Dose'）＃绘制 Y 变量子集＃

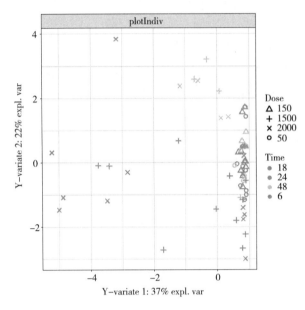

图 9-11　依据案例绘制 Y 变量子集样本图

在肝脏的毒性数据集上绘制 sPLS2 的样本图。样本被投影到两个数据集的平均分量所跨越的空间中（图 9-12）。

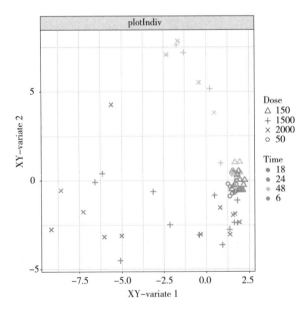

图 9-12　依据案例绘制 XY 变量子集样本图

plotIndiv（final. spls. liver，ind. names＝FALSE，rep. space＝"XY−variate"，group＝liver. toxicity $treatment$Time. Group，pch ＝ as. factor （liver. toxicity$treatment$Dose. Group），col. per. group ＝ color. mixo（1：4），legend＝TRUE，legend. title＝'Time'，legend. title. pch＝'Dose'）#绘制 XY 变量子集#

plotArrow()选项在这个上下文中非常有用，可以可视化数据集之间的协议级别。从图 9-13 中可以看出，特定的样本组似乎位于一个数据集与另一个数据集之间很远的地方，这表明所提取的信息之间存在潜在的差异。

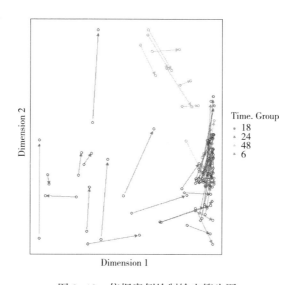

图 9-13　依据案例绘制输出箭头图

plotArrow（final. spls. liver，ind. names ＝ FALSE，group ＝ liver. toxicity$treatment$Time. Group，col. per. group＝color. mixo（1：4），legend. title＝'Time. Group'）#输出箭头图#

肝脏上 sPLS2 的箭头图。毒性数据。箭头的开始表示给定样本在与基因数据集相关的组件所跨越的空间中的位置，箭头的尖端表示该样本在与临床数据集相关的组件所跨越的空间中的位置。

（1）plotArrow 函数介绍。

plotArrow 描述

表示来自多个坐标的样本。

①plotArrow 运用代码。

plotArrow（object，comp ＝ NULL，abline ＝ FALSE，xlim ＝ NULL，ylim ＝ NULL，group ＝ NULL，col，cex，pch，title ＝ NULL，plot. arrows ＝ TRUE，legend ＝ FALSE，X. label ＝ NULL，Y. label＝NULL，ind. names＝FALSE，position. names＝'centroid'）

②plotArrow 参数。

object	从 mixOmics 继承的类对象：PLS、sPLS、rCC、rGCCA、sGCCA、sGCCDA
comp	长度为 2 的整数矢量，表示在水平轴和垂直轴上表示个体的分量
abline	穿过中心的垂直线和水平线应该画出来吗？默认设置为 FALSE
xlim	X 轴所包含的范围，如果为 NULL 则计算它们
ylim	Y 轴所包含的范围，如果为 NULL 则计算它们
group	因子表示每个样本的组成员关系。默认编码为监督方法 sGCCDA、sPLSDA，但需要输入非监督方法 PLS、sPLS、rCC、rGCCA、sGCCA
col	字符（或符号）颜色要用到，颜色矢量也可以
cex	数字字符（或符号）展开，颜色向量也可以
pch	图形特征。由单个字符或整数组成的字符串或向量
title	标题情节的一组人物
plot. arrows	逻辑值。是否要加箭头。默认是正确的
legend	逻辑值。是否需要添加图例。仅适用于监督方法和 if group！=NULL。默认是假的
X. label	X 轴标题
Y. label	Y 轴标题
ind. names	如果为 TRUE，则使用第一个（或第二个）数据矩阵的行名作为示例名称。可以用长度向量的样本大小来显示样本名称
position. names	"start"、"end" 和 "centroid" 之一。定义当 ind. names = TRUE 时示例名称的绘制位置。在多块分析中，质心和启动将以类似的方式显示

③plotArrow 细节。

样本（个体）的图形以叠加的方式显示，每个样本将用箭头表示。箭头的开始表示样本在一个图中的 X 位置，尖端表示样本在另一个图中的 Y 位置。

对于"GCCA"类的对象，如果有 3 个以上的块，箭头的开始表示给定个体的所有数据集之间的质心，箭头的尖端表示该个体在每个块中的位置。

短箭头表示匹配数据集之间的强一致性，长箭头表示匹配数据集之间的不一致性。

给定特性的稳定性被定义为选定用于给定组件的交叉验证倍数（跨重复）的比例。稳定性值（用于 X 组件）可以通过 perf. spl. liver$features$Stability . X 提取。图 9-14 分别将这些稳定性描述为前两个组件的直方图。这两个组件在重复折叠中相当一致地使用同一组特征，这意味着数据的方差可以归因于一组特定的特征。第一个组件比第二个组件更能显示这种特性。

perf. spls. liver< − perf（final. spls. liver，folds = 5，nrepeat = 10，validation = " Mfold "，dist = "max. dist"，progressBar = FALSE）

#形成新的 perf（）对象，它使用最终的模型。交叉验证倍数为 10#

par（mfrow = c（1，2））

plot（perf. spls. liver$features$stability. X [［1］]，type = ' h '，ylab = ' Stability '，xlab = ' Features，main =' （a）Comp 1'，las = 2，xlim = c（0，150））

plot（perf. spls. liver$features$stability. X$comp2，type = ' h '，ylab = ' Stability '，xlab =

'Features', main='（b）Comp 2', las =2, xlim=c（0，300）)

#绘制前两个组件的每个特性的稳定性' h' 类型指的是直方图。

图 9-14 显示，从 sPLS 变量选择的稳定性对肝毒性基因表达数据。barplot 表示组分 1 和 2 的每个被选基因在重复 CV 折叠中的选择频率。

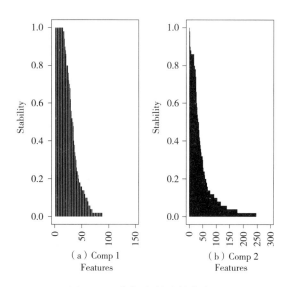

图 9-14 依据案例绘制直方图

特性和组件之间的关系可以使用相关圆圈图来探索。这突出了解释两个数据集之间协方差的贡献变量。特定的分子亚群可以进一步研究。图 9-15 显示了所选基因（未显示名称）之间的相关性，所选临床参数之间的相关性，以及基因组与某些临床参数之间的关系。

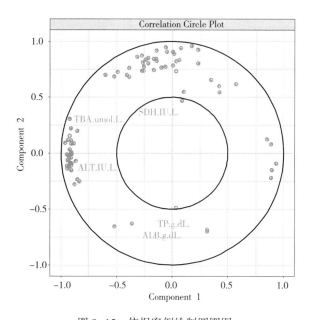

图 9-15 依据案例绘制圆圈图

plotVar（final. spls. liver，cex＝c（3，4），var. names＝c（FALSE，TRUE））

肝上 sPLS2 的相关圆圈图。毒性数据为了更好地理解这些分子的表达水平如何表征特定的样本组，应该将该图与样本图联系起来进行解释。

（2）plotVar 函数介绍。

plotVar 描述

该函数提供了（正则化）CCA、（稀疏）PLS 回归、PCA 和（稀疏）正则化广义 CCA 的变量表示。

①plotVar 运用代码。

plotVar（object，comp＝NULL，comp. select＝comp，plot＝TRUE，var. names＝NULL，blocks＝NULL，X. label＝NULL，Y. label＝NULL，Z. label＝NULL，abline＝TRUE，col，cex，pch，font，cutoff＝0，rad. in＝0.5，title＝" Correlation Circle Plots "，legend＝FALSE，legend. title＝" Block "，style＝" ggplot2 "，overlap＝TRUE，axes. box＝" all "，label. axes. box＝" both "）

②tune. spls 参数。

object	继承自" rcc " " pls " " plsda " " spls " " splsda " " 主成分分析"或" spca "
comp	长度为 2 的整数向量。在水平轴和垂直轴上分别用来投射变量的分量。默认情况下，comp＝c（1，2），除非 style＝' 3d '，comp＝c（1：3）
comp. select	对于稀疏版本，输入向量表示选择变量的主成分。只显示那些被选中的变量。默认情况下 comp. select ＝comp
plot	如果为 TRUE（默认值），则生成一个图形。如果没有，则返回图形所基于的摘要
var. names	要绘制的变量的名称的字符向量，或者没有名称的为 FALSE。如果为 TRUE，则使用第一个（或第二个）数据矩阵的 col 名作为名称
blocks	对于" rgcca " 或" sgcca " 类的对象，表示要显示的块变量的数值向量
X. label	X 轴标题
Y. label	Y 轴标题
Z. label	Z 轴标题。适用于 3D 图形
abline	穿过中心的垂直线和水平线应该画出来吗？默认设置为 FALSE
col	字符或整数向量的颜色绘制的字符和符号，可以是长度 2（一个为每个数据集）或长度（p+q）（即变量的总数）
cex	绘制的字符和符号的字符扩展大小的数字向量，长度可以是 2（每个数据集一个）或长度（p+q）（即变量的总数）
pch	图的特点。单个字符或整数的向量，长度可以是 2（每个数据集一个）或长度（p+q）（即变量的总数）
font	要使用的字体数值向量，长度可以是 2（每个数据集一个）或长度（p+q）（即变量的总数）

续表

cutoff	0~1 之间的数字。在绝对值中，相关性低于此截止值的变量不绘制
rad. in	内圆半径为 0~1 之间的数值。默认为 0.5
title	标题特征
legend	逻辑值，当大于 3 个块时。可以在一个字符矢量的时候自定义 1 块或 2 块的图例。默认是 FALSE
legend. title	图例的标题
style	参数可以设置为' raphics'，' lattice'，' gplot2' 或' 3d'，表示绘图样式
overlap	逻辑值。是否应该将变量绘制在一个图中。默认是正确的
axes. box	对于 3D 样式，参数设置为' axes'，' box'，' bbox' 或' all'，定义盒子的形状
label. axes. box	对于 3D 样式，参数设置为' axes'，' box'，' both'，表示打印哪个标签

③plotVar 细节。

plotVar 产生一个"相关圆"，即每个变量与所选分量之间的相关性绘制为散点图，半径为 1 的同心圆由 rad. in 给出。每个点对应一个变量。对于（正则化）CCA，分量对应于 X 和 Y 变量之间的等角向量。对于（稀疏）PLS 回归模式的分量对应 X 变量。如果模式是规范的，X 和 Y 变量的分量分别对应于 X 和 Y 变量。

对于 plsda 和 splsda 对象，只表示 X 变量。

对于 spls 和 splsda 对象，只有在 compp 维度上选择的 X 和 Y 变量被表示。

参数 col、pch、cex 和 font 既可以是长度为 2 的向量，也可以是两个向量分量分别为 p 和 q 的列表，其中 p 是 X 变量的数量，q 是 Y 变量的数量。在第一种情况下，矢量的第一个和第二个分量分别决定 X 和 Y 变量的图形属性。否则，可以指定多个参数值，以便每个点（变量）可以被赋予自己的图形属性。在本例中，列表的第一个组件对应于 X 属性，第二个组件对应于 Y 属性。此参数存在默认值。

④plotVar 参数值。

x	变量在 X 轴上的坐标向量
y	变量在 Y 轴上的坐标向量
Block	每个变量所属的数据块名称
names	每个变量的名称，与它们的坐标值相匹配

一个辅助工具来帮助理解变量之间的相关结构的关联网络图。显示使用的变量，由 cutoff 参数进一步选择。Rstudio 有时会纠结于绘图的空白大小，因此要么在绘制网络之前启动 X11()，要么使用参数 save 和 name. save 保存。

从这个网络可以观察到两个子结构。首先，右上方的小群，临床特征 ALB. g. dL 被证明与三个遗传特征负相关，而不是其他。其次，第二个子结构包括三个临床特征，它们（大多）与大量遗传特征呈正相关（图 9-16）。

color. edge<-color. GreenRed（50）#设置连接线的颜色#

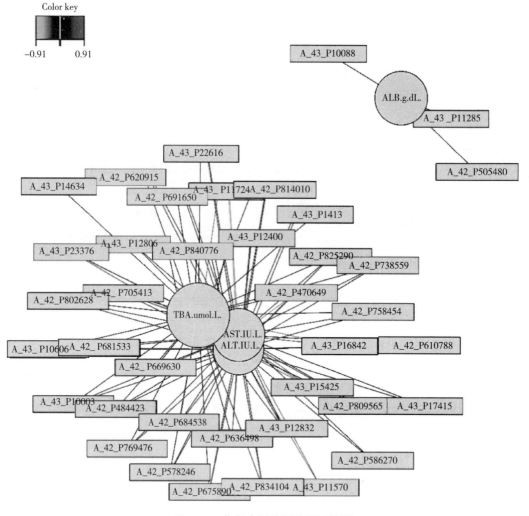

图 9-16　依据案例绘制关联网络图

X11（）#为 Rstudio 打开一个新窗口#

network（final. spls. liver，comp＝1:2，cutoff＝0. 7，shape. node＝c（"rectangle"，"circle"），color. node＝c（"cyan"，"pink"），color. edge＝color. edge，save＝' png'，name. save＝' sPLS Liver Toxicity Case Study Network Plot'）#只显示相关系数大于 0. 7 的连接。另存为 PNG 文件到当前工作目录#

在肝脏上对 sPLS2 进行网络表征。毒性数据由两部分组成的，每条边根据相似矩阵将一个基因（矩形）连接到一个临床变量（圆形）节点。

（3）network 函数介绍。

network 描述

显示相关关联网络（正则化）典型相关分析和（稀疏）PLS 回归。该函数避免了在大数据集上密集计算 Pearson 相关矩阵，而是直接从我们的综合方法的潜在成分（CCA，PLS，block）中计算两两相似矩阵。一对变量之间的相似值是通过计算原始变量与模型中每个潜在分量之间的相关性之和得到的。相似矩阵中的值可以被视为 Pearson 相关性的稳健。关联网络的优势在于它能够同时表示正相关和负相关，而基于欧氏距离的方法则无法表示这些相关。这些网络是两部分的，因此只有两个不同类型的变量之间的联系可以表示。

①plotVar 运用代码。

network（mat，comp＝NULL，blocks＝c（1，2），cutoff＝NULL，row. names＝TRUE，col. names＝TRUE，block. var. names＝TRUE，color. node＝NULL，shape. node＝NULL，cex. node. name＝1，color. edge＝color. GreenRed（100），lty. edge＝"solid"，lwd. edge＝1，show. edge. labels＝FALSE，cex. edge. label＝1，show. color. key＝TRUE，symkey＝TRUE，keysize＝c（1，1），keysize. label＝1，breaks，interactive＝FALSE，layout. fun＝NULL，save＝NULL，name. save＝NULL）

②tune. spls 参数。

mat	要表示的数值矩阵
comp	正整数的原子或向量。组件以充分考虑数据关联。默认 comp＝1
cutoff	0~1 之间的数字。相关关联网络的调优阈值
row. names，col. names	包含 X 和 Y 变量名的字符向量
color. node	长度为 2 的向量，X 和 Y 节点的颜色
shape. node	长度为 2 的字符向量，X 和 Y 节点的形状
color. edge	颜色向量或字符串，指定用于给边缘上色的颜色函数，默认设置为 color. greenred（100），但也可以选择其他调色板
lty. edge	长度为 2 的字符向量，为边的直线类型
lwd. edge	向量的长度为 2，边的线宽
show. edge. labels	逻辑值。如果为 TRUE，将关联值绘制为边标签
show. color. key	布尔值。如果为 TRUE，则应该绘制一个颜色键
symkey	布尔值，指示颜色键是否应该在 0 左右对称。默认值为 TRUE
keysize	表示颜色键大小的数值
keysize. label	长度为 1 的向量，表示颜色键的标签和标题的大小
breaks	（可选的）一个数值向量，指示将垫子分成不同颜色的分裂点，或者使用整数数量的断点，在这种情况下，断点将在 min（mat）和 max（mat）之间相等的间隔
interactive	合乎逻辑的。如果为 TRUE，则会创建一个滚动条以交互方式更改截止值（默认值为 FALSE）
save	图片应该保留吗？如果是，参数设置为' jpeg' ' tiff '' png' 或' pdf '
name. save	指定保存文件名称的字符串
cex. edge. label	边缘标签的字体大小
cex. node. name	节点标签的字体大小
blocks	指示要显示的块变量的向量
block. var. names	要么是每个块中变量名的向量组件列表，要么是没有名称的 FALSE。如果为 TRUE，则使用块的列名作为名称
layout. fun	一个函数。它指定顶点将如何放置在图上

③plotVar 细节。

networl 允许在 rcc 或 spls 中推断 X 和 Y 数据集之间的大规模关联网络。输出是一个图，其中每个 X-和 Y-变量对应一个节点，图中包含的边描绘了它们之间的关联。

在 rcc 中，为了识别出显示相关关联的 X-Y 对，以成对的方式网络计算 X 和 Y 变量之间的相似性度量：在 Z_i 定义的坐标轴上表示变量 X 和 Y 的每一对维长向量（comp）之间的标量积值，其中 Z_i 是第 i 个 X 和 Y 正则变量之间的等角向量。

在 spls 中，如果 object\$mode 是回归，则 X 和 Y 变量之间的相似性度量由每对向量的维长（comp）之间的标量积值给出，这些向量表示 U_i 定义的坐标轴上的变量 X 和 Y，其中 U_i 为第 i 个 X 变量。

如果 object\$mode 是规范的，则 X 和 Y 分别在 U_i 和 V_i 定义的轴上表示。

具有高相似性度量（绝对值）的变量对被认为是相关的。通过改变截止，人们可以调整关联的相关性，包括或排除网络中的关系。

打开两个设备，一个用于关联网络，一个用于滚动条，并定义一个交互过程：单击滚动条的两端（'-'或'+'）或中间部分。滑块的位置指示哪一个是与显示网络相关联的"截止"值。

该网络可以使用图形包保存为 .glm 格式。

通过点击第二个按钮并从菜单中选择"停止"或从图形窗口的"停止"菜单中选择"停止"，交互过程被终止。

color. node 是一个长度为 2 的向量，是三种 R 颜色中的任意一种，例如，一个颜色名称（colors（）的元素），一个十六进制字符串，形式为"#rrggbb"，或者一个整数 i，意思是 palette（）[i]。颜色。节点 [1] 和颜色。节点 [2] 为填充的节点指定颜色分别为 X 和 Y 变量。默认为 c（"白""白色"）。

color. edge 赋予边缘颜色，其颜色对应于 mat 中的值。默认为 color. GreenRed（100）用于负相关（绿色）和正相关（红色）。我们也建议其他的调色板的 color. jet 和 color. spectral，请参阅关于这些函数的帮助和下面的示例。也可以使用 stats 包中的其他颜色调色板。

shape. node [1] 和 shape. node [2] 分别提供与 X 和 Y 变量关联的节点形状。目前可接受的值是"圆"和"矩形"。默认为 c（"圆""矩形"）。

lty. edge 和 lty. egde [2] 将线类型分别赋予具有正负权值的边。可以是"solid""dashed""dotted""dotdash""longdash"和"twodash"中的一个。默认为 c（"solid""solid"）。

lwd. edge [1] 和 lwd. edge [2] 分别为具有正负权值的边提供线宽。该属性的类型为 double，默认值为 c（1，1）。

④plotVar 参数值。

M	网络使用的相关矩阵
gR	保存图形供 cytoscape 使用的图形对象

另一个用于探索 sPLS 中特征结构的互补图是集群图像映射（CIM）。这里也可能需要使用 X11（）函数或 save/save. name 参数的相同技巧。从图 9-14 可以看出，临床变量可以分

为三大类，每一类都与两组基因呈正相关或负相关。这与我们在图 9-13 中观察到的情况类似。红色的大簇对应网络中最大的子结构，而蓝色的大簇由于使用了截止参数而没有在图 9-13 中显示。

cim（final. spls. liver，comp＝1：2，xlab＝"clinic"，ylab＝"genes"）#输出相关性热图#

来自肝脏 sPLS2 的聚类图像映射。毒性数据。图 9-17 显示了跨两个维度选择的 ＊＊X＊＊ 和 ＊＊Y＊＊ 变量之间的相似值，并使用完整的欧几里得距离方法聚类。

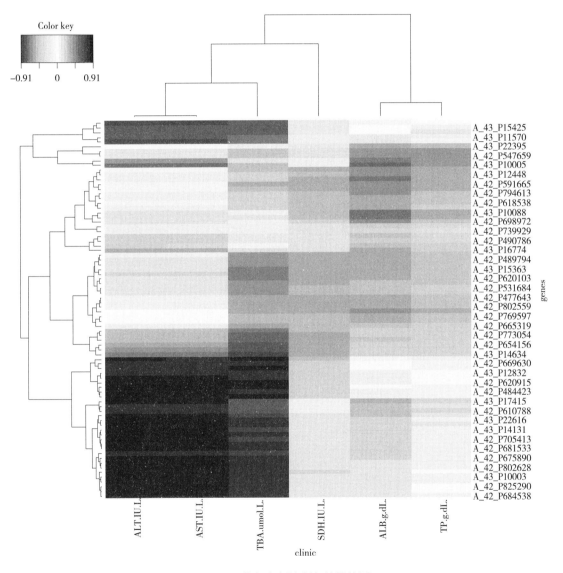

图 9-17　依据案例绘制相关性热图

（4）cim 函数介绍。

cim 描述

该函数生成颜色编码的集群图像映射（CIMs）（"热图"）来表示"高维"数据集。

①cim 运用代码。

cim（mat, color＝NULL, row. names＝TRUE, col. names＝TRUE, row. sideColors＝NULL, col. sideColors＝NULL, row. cex＝NULL, col. cex＝NULL, threshold＝0, cluster＝"both", dist. method＝c（"euclidean","euclidean"）, clust. method＝c（"complete","complete"）, cut. tree＝c（0, 0）, transpose＝FALSE, symkey＝TRUE, keysize＝c（1, 1）, keysize. label＝1, zoom＝FALSE, title＝NULL, xlab＝NULL, ylab＝NULL, margins＝c（5, 5）, lhei＝NULL, lwid＝NULL, comp＝NULL, center＝TRUE, scale＝FALSE, mapping＝"XY", legend＝NULL, save＝NULL, name. save＝NULL）

②cim 参数。

mat	要绘制的数值矩阵。或者"pca" "spca" "ipca" "sipca" "rcc" "pls" "spls" "plsda" "splsda" "mlspls" 或 "mlsplsda"（其中 "ml" 代表多级）
color	一种颜色的字符向量，如由地形产生的 terrain. colors、topo. colors、rainbow、color. jet 或类似功能
row. names，col. names	逻辑上，是否应该显示 mat 的行和/或列的名称？如果为 TRUE（默认），则使用 rowname（mat）和/或 colnames（mat）。可以使用带有行和/或列标签的可能字符向量
row. sideColoes	长度为 nrow（mat）的（可选）字符向量，包含可用于注释 mat 行的垂直侧边条的颜色名称
col. sideColoes	长度为 nrow（mat）的（可选）字符向量，包含可用于注释 mat 列的垂直侧边条的颜色名称
row. cex，col. cex	正数，如 cex 轴中用于行或列轴的标记。默认值目前仅分别使用行数或列数
mapping	表示是否映射 "X" "Y" 或 "XY" 关联矩阵的字符串
cluster	聚类是否为 "none" "row" "column" 或 "both" 的字符串。默认为 "both"
dist. method	长度为 2 的字符向量。聚类行和列中使用的距离度量。Pearson 相关的可能值为 "相关"，dist 支持的所有距离为 "欧几里得" 等
clust. method	长度为 2 的字符向量。要用于行和列的聚合方法。接受与 hclust 中相同的值，如"ward" "complete" 等
cut. tree	长度为 2 的数值向量，分量为 [0，1]。如果树的行和列聚集在一起，树应该被砍的高度比例
comp	正整数的原子或向量。主成分应充分考虑数据关联。对于非稀疏方法，相似矩阵是根据这些指定分量的变量和加载向量计算的。对于稀疏方法，相似性矩阵是基于在这些指定的主成分上选择的变量来计算的。默认 comp ＝1：object$ncomp
transpose	合乎逻辑地表示矩阵是否应该换位以作图的。默认值为 FALSE
center	逻辑值或长度等于 mat 的列数的数值向量。参见 scale 函数
scale	逻辑值或长度等于 mat 的列数的数值向量
threshold	0~1 之间的数字。相关性绝对值低于此阈值的变量不绘制。仅当映射为 "XY" 时使用
symkey	布尔值，指示颜色键是否应该在 0 左右对称。默认值为 TRUE
keysize	长度为 2 的向量，表示颜色键的大小

续表

keysize. label	长度为 1 的向量，表示颜色键的标签和标题的大小
zoom	合乎逻辑的。是否使用变焦进行交互式变焦
title，xlab，ylab	标题，X 轴和 Y 轴标题；默认为没有
margins	长度为 2 的数值向量，分别包含列名和行名的边距
lhei、lwid	传递给 layout 的参数将设备分成两行（如果绘制了侧边颜色，则为三行）和两列，行高为 lhei，列宽为 lwid
legend	说明每个组图例、颜色向量、图例标题和 cex 的列表
save	图片应该保存吗？如果是，参数设置为' jpeg'' tiff'' png' 或' pdf'
name. save	保存文件名的字符串

③cim 细节。

一种矩阵 Clustered Image Map（默认方法）是一个实值矩阵［基本上是 Image（t（mat））］的二维可视化，它的行和/或列根据某种层次聚类方法重新排序，以识别感兴趣的模式。通过聚类生成的树状图被添加到图像的左侧和顶部。默认情况下，对行和列使用的聚类方法是完全链接方法，使用的距离度量是距离欧氏。

在"pca""spca""ipca""sipca""plsda""splsda"和多级变体方法中，mat 矩阵是 object\$X。

对于其余的方法，如果 mapping="X" 或 mapping="Y"，则 mat 矩阵分别为 object\$X 或 object\$Y。如果 mapping= "XY"：

在 rcc 方法中，创建矩阵 mat，其中元素（j，k）是每对向量的维长（comp）之间的标量积值，表示 Z_i 定义的坐标轴上的变量 X_j 和 Y_k，i 在 comp 中，其中 Z_i 是第 i 个 X 和 Y 正则变量之间的等角向量。

在 pls，spls 和多级 spls 方法中，如果 object\$mode 是"回归"，矩阵 mat 的元素（j，k）是由每对向量的维长（comp）之间的标量积值给出的，这些向量表示变量 X_j 和 Y_k 在 U_i 与 comp 定义的轴上，其中 U_i 是第 i 个 X 变量。如果 object\$mode 是"规范的"，则 X_j 和 Y_k 分别表示在 U_i 和 V_i 定义的轴上。

默认情况下，图中将显示四个组件。左上是颜色键，右上是列树图，左下是行树图，右下是热图。当提供 sideColors 时，将在适当位置插入额外的行或列。可以通过为 lwid 和 lhei 指定适当的值来重写此布局。lwid 控制列宽度，而 lhei 控制行高度。有关如何使用这些参数的详细信息，请参阅布局帮助页面。

为了可视化"高维"数据集，创建了一个很好的缩放工具。打开一个新画布，一个用于 CIM，一个用于缩小区域，并定义一个交互式"zoom"过程：通过鼠标按下第一个按钮，在 imagenmap 区域单击两个点。然后它会在选定的区域周围绘制一个矩形，并在新设备上缩小这个矩形。这个过程可以重复来缩小其他感兴趣的区域。

缩放过程通过单击第二个按钮并从菜单中选择"停止"或从图形窗口的"停止"菜单中终止。

④cim 参数值。

M	cim 使用的映射矩阵
rowInd，colInd	按 order. dendrigram 返回的行和列索引排列向量
ddr，ddc	"endrogram" 类的对象，用于描述由 cim 生成的行和列树
mat. cor	用于热图的相关矩阵。仅当 mapping="XY" 时可用
row. names，col. names	使用行和列标签的字符向量
row. sideColors，col. sideColors	包含用于注释行和列的垂直和水平侧栏的颜色名称的字符向量

9.2.2 多组学的稀疏的偏最小二乘法（sPLS）分析

在 mixOmics 包中使用广义 PLS（及其监督对应方法 PLS-DA）来实现 N-集成——在相同 N 个样本中测量的两个或多个数据集的集成。目的是识别这些数据集中的相关变量，并在监督分析中解释分类结果。

mixOmics 采用 multiblock PLS 作为无监督方法，multiblock PLS-DA（称为 DIABLO）作为监督方法。这两种技术都有稀疏变体，因为在许多组学环境中，特征选择很重要。所有这些方法都将广义典型相关分析（gCCA）和稀疏 gCCA 从 RGCCA 包扩展到这个综合框架。

强烈建议在使用任何 N-整合方法之前，用户开始使用这些方法的标准形式（即 PLS）对其数据进行个人和成对的分析。这将提供有用的洞察结构和数据变化的主要来源，并将指导扩展到 N-integrative 方法时所需的更复杂的决策。

9.2.2.1 构造设计矩阵

当在 mixOmics 中使用任何方法时，用户都应该考虑检查中的生物问题。当使用 N-integrative framework 时尤其如此，这样模型的"设计"就可以被指定。"设计"指的是各种输入数据框之间的关系结构。作为一个函数参数，这是一个矩阵，其中每个值（在 0~1 之间）表示两个给定数据框之间要建模的关系强度。对于 breast. TCGA 数据，包含三个数据框（图 9-18）：

design = matrix（1，ncol = 3，nrow = 3，dimnames = list（c（"mirna","mrna","protein"），c（"mirna","mrna","protein"）））

diag（design）= 0

design

```
        mirna mrna protein
mirna     0    1      1
mrna      1    0      1
protein   1    1      0
```

图 9-18 默认设计矩阵

这是使用的默认矩阵，可以通过设置 design = "full" 来指定。类似地，设置 design = "null" 将产生一个满是 0 的矩阵。注意，对角线全部设置为 0，这样就不会考虑数据集与自身的关系。

输入 design = 0.5 将产生以下矩阵（图 9-19），并适用于 0 和 1 之间的任何值：

design = matrix（0. 5，ncol = 3，nrow = 3，dimnames = list（c（" mirna "," mrna ", "protein"），c（"mirna","mrna","protein"））)

diag（design）= 0

design

```
        mirna mrna protein
mirna   0.0   0.5   0.5
mrna    0.5   0.0   0.5
protein 0.5   0.5   0.0
```

图 9-19　design＝0.5 设计矩阵

在多数据集的（s）PLS 中，如果提供 Y 而不是 indY，则需要调整设计矩阵，以包括每个 X 数据集与 Y 的关系。

9.2.2.2　Multiblock（s）PLS

library（mixOmics）#加载程序#

data（breast. TCGA）#提取乳腺癌数据集#

这个数据集是来自癌症基因组图谱的完整数据集的一个小子集，可以用 DIABLO 框架进行分析。它包含三个匹配组数据集的表达或丰度：训练集中 150 个乳腺癌样本的 mRNA，miRNA 和蛋白质组学，测试集中 70 个样本。测试集缺少蛋白质组学数据集。

X1<-breast. TCGA$data. train$mirna#miRNA 和 mRNA#

X2<-breast. TCGA$data. train$mrna# X 数据集#

X<-list（mirna＝X1，mrna＝X2)

Y<-breast. TCGA$data. train$protein

#将蛋白质水平设置为 Y 数据集#

Multiblock PLS

block. pls. result<-block. pls（X，Y，design＝"full"）

#运行 block. pls 方法#

（1）block. pls 函数介绍。

block. pls 描述

在相同的样本或观察中测量的多个数据集集成，即 N-integration 该方法部分基于广义典型相关分析。

①block. pls 运用代码。

block. pls（X，Y，indY，ncomp＝2，design，scheme，mode，scale＝TRUE，init，tol＝1e-06，max. iter＝100，near. zero. var＝FALSE，all. outputs＝TRUE)

②block. pls 参数。

X	在相同的样本上测量的数据集列表（称为"块"）。列表中的数据应该以矩阵的形式排列，对 x 个变量进行抽样，所有数据集的抽样顺序匹配
Y	多元回归框架的矩阵响应。数据应该是连续的变量
indY	如果缺少 Y，表示矩阵响应在列表 X 中的位置
ncomp	模型中包含的主成分数量。默认为 2。适用于所有块

design	尺寸（X 中的块数）X（X 中的块数）的数值矩阵，值在 0~1 之间。每个值表示两个块之间要建模的关系强度；取值为 0 表示没有关系，最大值为 1。如果提供的是 Y 而不是 indY，设计矩阵将更改为包括与 Y 的关系
scheme	"horst""factorial"或"centroid"。默认＝horst
mode	字符串。使用什么类型的算法，（部分）匹配"regreassion""canonical""invariant"或"classic"。默认＝regression
scale	布尔值。如果 scale＝TRUE，每个块被标准化为零平均值和单位方差。默认＝TRUE
init	算法中使用的初始化模式，通过对 X 和 Y 的每个块的乘积进行奇异值分解（"svd"）或每个块独立地进行分解（"svd. single"）。默认＝svd. single
tol	停止收敛值
max. iter	整数，最大迭代次数
near. zero. var	布尔值，请参阅内部的 nearZeroVar 函数（应该设置为 TRUE，特别是对于有许多 0 值的数据）。默认＝FALSE
all. outputs	布尔值。当不计算某些特定的（非必要的）输出时，计算速度会更快。默认＝TRUE

③block. pls 细节。

block. pls 函数适合水平集成 PLS 模型与指定的每个块主成分数量。需要提供一个结果，可以是 Y，也可以是它在区块 X 列表中的位置 indY。支持多（连续）响应。X 和 Y 可以包含缺失的值。缺失值在算法块的交叉积计算中被忽略。请不要删除缺少数据的行。另外，缺失的数据可以在使用 nipals 函数之前进行估算。

要使用的算法类型是用 mode 参数指定的。四种 PLS 算法可用：

PLS 回归（"regression"），PLS 规范分析（"canonical"），冗余分析（"invariant"）和经典 PLS 算法（"classic"）。

④block. pls 参数值。

X	中心和标准化的原始预测矩阵
indY	结果 Y 在输出列表 X 中的位置
ncomp	每个块的模型中包含的主成分数量
mode	该算法用于拟合模型
variates	列表，包含 X 的每个块的变量
loadings	列表，其中包含变量的估计负载
names	包含用于个人和变量的名称的列表
nzv	包含零或接近零的预测器信息的列表
iter	每个主成分的算法迭代次数
explained_variance	每个主成分和每个块的解释方差百分比

plotIndiv（block. pls. result）#绘制样品图（图 9-20）#

plotVar（block. pls. result，legend＝TRUE）#绘制变量图（图 9-21）#

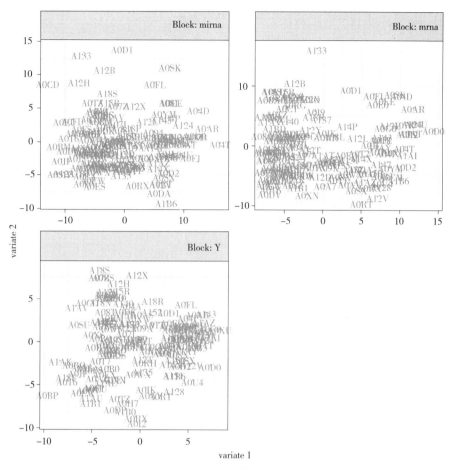

图 9-20 依据案例绘制样品图

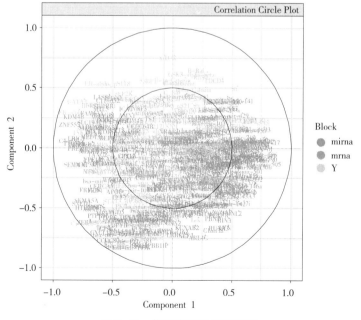

图 9-21 依据案例绘制变量图

- block. pls 可以运行来确定该函数的所有默认参数：
- 组件数量（ncomp＝2）：计算前两个 PLS 主成分；
- 设计矩阵（Design＝"full"）：数据帧之间所有关系的强度被最大化（＝1），一个"完全连接"的设计；
- PLS 模式（模式＝回归）：执行 PLS 回归模式；
- 数据的缩放（缩放＝TRUE）：每个块被标准化到零平均值和单位方差。

Multiblock sPLS

list. keepX＝list（mrna＝rep（5，2），mirna＝rep（5，2））#设置 X 数据集使用的特征数量#

list. keepY＝c（rep（10，2））#设置 Y 数据集使用的特征数量#

block. spls. result<－block. spls（X，Y，design＝"full"，keepX＝list. keepX，keepY＝list. keepY）#block. spls 主程序

（2）block. spls 函数介绍。

block. spls 描述

在相同的样本或观察中测量的多个数据集集成，每个数据集的变量选择，即 N-integration。该方法部分基于广义典型相关分析。

①block. spls 运用代码。

block. spls（X，Y，indY，ncomp＝2，keepX，keepY，design，scheme，mode，scale＝TRUE，init，tol＝1e-06，max. iter＝100，near. zero. var＝FALSE，all. outputs＝TRUE）

②block. spls 参数。

X	在相同的样本上测量的数据集列表（称为"块"）。列表中的数据应该以矩阵的形式排列，对 x 个变量进行抽样，所有数据集的抽样顺序匹配
Y	多元回归框架的矩阵响应。数据应该是连续的变量
indY	如果缺少 Y，表示矩阵响应在列表 X 中的位置
ncomp	模型中包含的主成分数量。默认为 2。适用于所有块
keepX	与 X 相同长度的列表。每个条目是每个主成分在 X 的每个块中选择的变量的数量。默认情况下，所有变量都保存在模型中
keepY	只有提供了 Y。每一项都是每个主成分在 Y 的每个块中选择的变量数量
design	尺寸（X 中的块数）X（X 中的块数）的数值矩阵，值在 0~1 之间。每个值表示两个块之间要建模的关系强度；取值为 0 表示没有关系，最大值为 1。如果提供的是 Y 而不是 indY，设计矩阵将更改为包括与 Y 的关系
scheme	"horst""factorial"或"centroid"。默认＝horst
mode	字符串。使用什么类型的算法，（部分）匹配"regreassion""canonical""invariant"或"classic"。默认＝regression
scale	布尔值。如果 scale＝TRUE，每个块被标准化为零平均值和单位方差。默认＝TRUE
init	算法中使用的初始化模式，通过对 X 和 Y 的每个块的乘积进行奇异值分解（"svd"）或每个块独立地进行分解（"svd. single"）。默认＝svd. single

tol	停止收敛值
max. iter	整数，最大迭代次数
near. zero. var	布尔值，请参阅内部的 nearZeroVar 函数（应该设置为 TRUE，特别是对于有许多 0 值的数据）。默认 = FALSE
all. outputs	布尔值。当不计算某些特定的（非必要的）输出时，计算速度会更快。默认 = TRUE

③block. spls 细节。

block. pls 函数适合水平集成 PLS 模型与指定的每个块主成分数量。需要提供一个结果，可以是 Y，也可以是它在区块 X 列表中的位置 indY。支持多（连续）响应。X 和 Y 可以包含缺失的值。缺失值在算法块的交叉积计算中被忽略。请不要删除缺少数据的行。另外，缺失的数据可以在使用 nipals 函数之前进行估算。

要使用的算法类型是用 mode 参数指定的。四种 PLS 算法可用：

PLS 回归（"regression"），PLS 规范分析（"canonical"），冗余分析（"invariant"）和经典 PLS 算法（"classic"）。

④block. spls 参数值。

X	中心和标准化的原始预测矩阵
indY	结果 Y 在输出列表 X 中的位置
ncomp	每个块的模型中包含的主成分数量
mode	该算法用于拟合模型
keepX	用于构建每个块的每个主成分的变量数量
keepY	用于构建 Y 的每个主成分的变量数量
variates	列表，包含 X 的每个块的变量
loadings	列表，其中包含变量的估计负载
names	包含用于个人和变量的名称的列表
nzv	包含零或接近零的预测器信息的列表
iter	每个主成分的算法迭代次数
explained_variance	每个主成分和每个块的解释方差百分比

plotLoadings（block. pls. result，ncomp = 1）#绘制每个特性对每个维度的贡献（图 9-22）#

（3）plotLoadings 函数介绍。

plotLoadings 描述

这个函数提供了一个水平柱状图来可视化载荷值。对于判别分析，它提供了可视化的最高或最低平均值/中值的变量与颜色代码对应的结果感兴趣。

①plotLoadings 运用代码。

plotLoadings（object，block，comp = 1，col = NULL，ndisplay = NULL，size. name = 0.7，name. var = NULL，name. var. complete = FALSE，title = NULL，subtitle，size. title = rel（2），

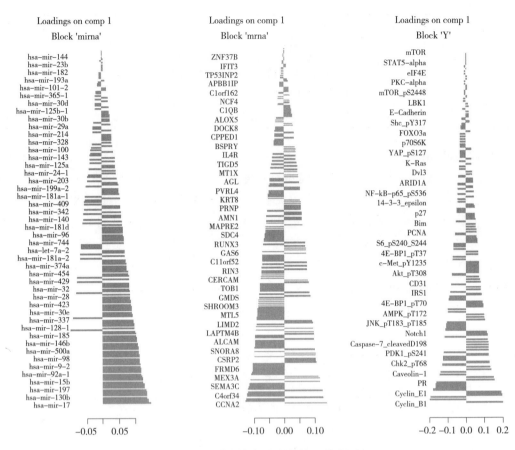

图 9-22　依据案例绘制特性—维度图

size. subtitle = rel（1.5），layout = NULL，border = NA，xlim = NULL，…）#适用于 mixo_pls#

　　plotLoadings（object，study = "global"，comp = 1，col = NULL，ndisplay = NULL，size. name = 0.7，name. var = NULL，name. var. complete = FALSE，title = NULL，subtitle，size. title = rel（1.8），size. subtitle = rel（1.4），layout = NULL，border = NA，xlim = NULL，…）#适用于 mint. pls#

　　plotLoadings（object，contrib，method = "mean"，block，comp = 1，plot = TRUE，show. ties = TRUE，col. ties = "white"，ndisplay = NULL，size. name = 0.7，size. legend = 0.8，name. var = NULL，name. var. complete = FALSE，title = NULL，subtitle，size. title = rel（1.8），size. subtitle = rel（1.4），legend = TRUE，legend. color = NULL，legend. title = ' Outcome '，layout = NULL，border = NA，xlim = NULL，…）#适用于 mixo_plsda#

　　plotLoadings（object，contrib = NULL，method = "mean"，study = "global"，comp = 1，plot = TRUE，show. ties = TRUE，col. ties = "white"，ndisplay = NULL，size. name = 0.7，size. legend = 0.8，name. var = NULL，name. var. complete = FALSE，title = NULL，subtitle，size. title = rel（1.8），size. subtitle = rel（1.4），legend = TRUE，legend. color = NULL，legend. title = ' Outcome '，layout = NULL，border = NA，xlim = NULL，…）#适用于 mint. plsda#

②plotLoadings 参数。

object	项目
contrib	一个设置为"max"或"min"的字符，表示条形图的颜色是否应该对应具有最大或最小表达水平/丰度的组
method	"平均值"或"中位数"的字符集，表示评估贡献度的标准。我们建议在计数或倾斜数据的情况下使用中值
study	指出要绘制哪项研究。一个字符向量，包含一些层次的 object$study，"all. paartial"来绘制所有的研究或"全局的"是预期的
block	指示在 sgccda 对象中考虑哪个块的单个值
comp	整数值，表示对象中感兴趣的主成分
col	颜色使用在 barplot 中，只对对象进行非判别分析
plot	应该输出指示绘图的布尔值。如果设置为 FALSE，用户可以提取贡献矩阵
show. ties	布尔值。如果为 TRUE，则领带组将以 col. ties 设置的颜色出现，该颜色将出现在图例中。在处理计数数据类型时可能会发生绑定。默认设置为 TRUE
col. ties	颜色对应领带，仅用于如果 show. ties＝TRUE 和 ties 存在
ndisply	整数表示要绘制的最重要变量的数量（按每个 pls 分量的权重递减排序）。用于调亮图形
size. name	一个数值，给出相对于默认值放大或缩小变量名文本的绘图量
size. legend	一个数值，给出图例文本相对于默认值应该放大或缩小的数值
name. var	表示变量名的字符向量。向量的名称应该与输入数据的名称匹配
name. var. complete	布尔值。如果 name. var 提供了一些空的名称，name. var. complete 允许您使用初始变量名称来完成图形（从 col-names（X））。Defaut 为 FALSE
title	标明图标题。缺省值为 NULL
subtitle	每个 block 的副标题，仅在多个 block 或研究被绘制时使用
size. title	标题的大小
size. subtitle	副标题的大小
legend	布尔值，指示是否将表示组结果的图例添加到绘图中。默认值为 TRUE
legend. color	一个颜色向量的长度，组结果的数量
legend. title	表示图例标题的一组字符。默认值为 NULL
layout	两个值的向量（rows, cols），指示绘图的布局。如果提供了布局，则剩余的空间仍然是活动的
border	参数来自 barplot：指示是否在 barplot 上绘制边界
xlim	来自 barplot 的参数：x 轴的极限。在绘制几个块时，需要一个矩阵，其中每一行是用于每个块的 xlim
…	无用

③plotLoadings 细节。

每个变量对每个组件（取决于对象）的贡献在一个条形图中表示，每个条形长度对应于特征的加载权重（重要性）。载荷值可以是正的，也可以是负的。

在判别分析中，颜色对应于特征最"丰富"的一组。注意，这种类型的图形输出对于微生物数据计数特别有洞察力——在后一种情况下，建议 method =' median'。还请注意，如果没有提供参数 contrib，则图形为白色。

对于 MINT 分析，study = " global" 绘制全局载荷，而当研究是一个研究对象水平时绘制局部载荷。由于 MINT 中的变量选择是在全局层面上进行的，所以即使部分加载不是稀疏的，也只绘制被选中的变量。重要的是，对于多地块，图例在布局设计中占一个子地块。

plotIndiv（block. pls. result）#绘制样品图（图 9-23）#

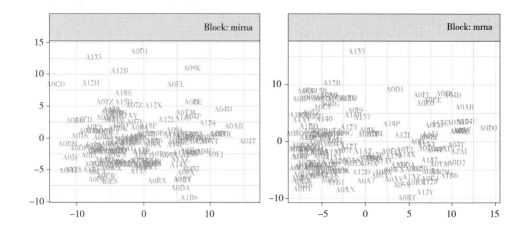

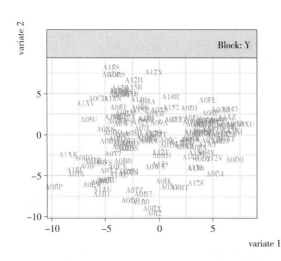

图 9-23　依据案例绘制样品图

plotVar（block. pls. result，legend =TRUE）#绘制变量图（图 9-24）#

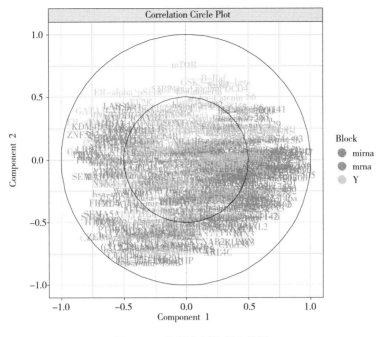

图 9-24　依据案例绘制变量图

Multiblock PLS-DA（DIABLO）

library（mixOmics）#导入 mixOmics 库#

data（breast. TCGA）#提取乳腺癌 TCGA 数据#

X1<-breast. TCGA$data. train$mirna

X2<-breast. TCGA$data. train$mrna

X3<-breast. TCGA$data. train$protein

#使用 miRNA、mRNA 和蛋白质表达水平作为预测数据集#

#注意，每个数据集是在相同的个体（样本）中测量的#

X<-list（mirna=X1，mrna=X2，protein=X3）

Y<-breast. TCGA$data. train$subtype#使用子类型作为结果变量#

result. diablo. tcga<-block. plsda（X，Y）#主程序#

（4）block. plsda 函数介绍。

block. plsda 描述

在相同的样本或观察上测量的多个数据集的整合，以分类一个离散的结果。即判别分析的 n -积分。该方法部分基于广义典型相关分析。

①block. plsda 运用代码。

block. plsda（X，Y，indY，ncomp = 2，design，scheme，mode，scale = TRUE，init = " svd"，tol=1e-06，max. iter=100，near. zero. var=FALSE，all. outputs=TRUE）

②block. plsda 参数。

X	在相同的样本上测量的数据集列表（称为"块"）。列表中的数据应该以矩阵的形式排列，对 x 个变量进行抽样，所有数据集的抽样顺序匹配
Y	一个因子或类向量，表示每个样本的离散结果
indY	指示因子/类向量结果在列表 X 中的位置
ncomp	模型中包含的主成分数量。默认为 2。适用于所有块
design	尺寸（X 中的块数）X（X 中的块数）的数值矩阵，值在 0~1 之间。每个值表示两个块之间要建模的关系强度；取值为 0 表示没有关系，最大值为 1。如果提供的是 Y 而不是 indY，设计矩阵将更改为包括与 Y 的关系
scheme	"horst" "factorial" 或 "centroid"。默认 = horst
mode	字符串。使用什么类型的算法，（部分）匹配 "regreassion" "canonical" "invariant" 或 "classic"。默认 = regression
scale	布尔值。如果 scale = TRUE，每个块被标准化为零平均值和单位方差。默认 = TRUE
init	算法中使用的初始化模式，通过对 X 和 Y 的每个块的乘积进行奇异值分解（"svd"）或每个块独立地进行分解（"svd. single"）。默认 = svd
tol	停止收敛值
max. iter	整数，最大迭代次数
near. zero. var	布尔值。请参阅内部的 nearZeroVar 函数（应该设置为 TRUE，特别是对于有许多 0 值的数据）。默认 = FALSE
all. outputs	布尔值。当不计算某些特定的（非必要的）输出时，计算速度会更快。默认 = TRUE

③block. plsda 细节。

block. plsda 函数适合水平集成 PLS 模型与指定的每个块主成分数量。需要提供一个结果，可以是 Y，也可以是它在区块 X 列表中的位置 indY。X 可以包含缺失的值。缺失值在算法块的交叉积计算中被忽略。请不要删除缺少数据的行。另外，缺失的数据可以在使用 nipals 函数之前进行估算。

要使用的算法类型是用 mode 参数指定的。四种 PLS 算法可用：PLS 回归（regression），PLS 规范分析（canonical），冗余分析（invariant）和经典 PLS 算法（classic）。

④block. plsda 参数值。

X	中心和标准化的原始预测矩阵
indY	结果 Y 在输出列表 X 中的位置
ncomp	每个块的模型中包含的主成分数量
mode	该算法用于拟合模型
variates	列表，包含 X 的每个块的变量
loadings	列表，其中包含变量的估计负载
names	包含用于个人和变量的名称的列表
nzv	包含零或接近零的预测器信息的列表
iter	每个主成分的算法迭代次数
explained_variance	每个主成分和每个块的解释方差百分比

plotIndiv（result. diablo. tcga）#绘制样品图（图 9-25）#

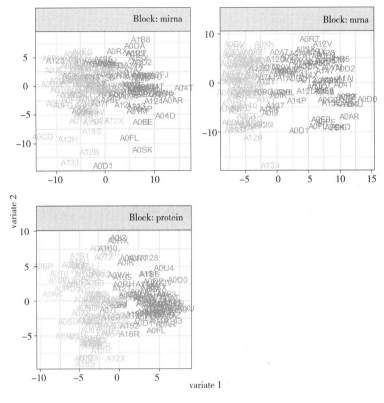

图 9-25　依据案例绘制样品图

plotVar（result. diablo. tcga）#绘制变量图（图 9-26）#

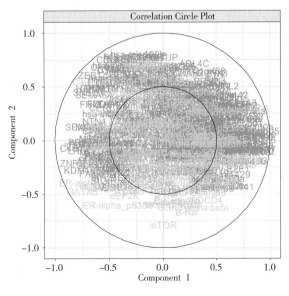

图 9-26　依据案例绘制变量图

- 可以运行 block. plsda 来确定该函数的所有默认参数：
- 主成分数量（ncomp = 2）：计算前两个 PLS 主成分；
- 设计矩阵（design = "full"）：数据框之间的所有关系的强度最大化（= 1）一个"完全连接"的设计；
- PLS 模式（mode = regression）：执行 PLS 回归模式；
- 数据的缩放（缩放 = TRUE）：每个块被标准化到零平均值和单位方差。

list. keepX = list（mirna = c（16，17），mrna = c（18，5），protein = c（5，5））#设置 X 数据集使用的特性数量

result. sparse. diablo. tcga<-block. splsda（X，Y，keepX = list. keepX）#主程序

（5）block. splsda 函数介绍。

block. splsda 描述

整合在相同样本或观测上测量的多个数据集，对离散结果进行分类，并从每个数据集中选择特征。稀疏判别分析的 N-integrative。该方法部分基于广义典型相关分析。

①block. splsda 运用代码。

block. splsda（X，Y，indY，ncomp = 2，keepX，design，scheme，mode，scale = TRUE，init = "svd"，tol = 1e-06，max. iter = 100，near. zero. var = FALSE，all. outputs = TRUE）

②block. splsda 参数。

X	在相同的样本上测量的数据集列表（称为"块"）。列表中的数据应该以矩阵的形式排列，对 x 个变量进行抽样，所有数据集的抽样顺序匹配
Y	一个因子或类向量，表示每个样本的离散结果
indY	指示因子/类向量结果在列表 X 中的位置
ncomp	模型中包含的主成分数量。默认为 2。适用于所有块
keepX	与 X 相同长度的列表。每个条目是每个主成分在 X 的每个块中选择的变量的数量。默认情况下，所有变量都保存在模型中
design	尺寸（X 中的块数）X（X 中的块数）的数值矩阵，值在 0 到 1 之间。每个值表示两个块之间要建模的关系强度；取值为 0 表示没有关系，最大值为 1。如果提供的是 Y 而不是 indY，设计矩阵将更改为包括与 Y 的关系
scheme	"horst" "factorial" 或 "centroid"。默认 = horst
mode	字符串。使用什么类型的算法，（部分）匹配 "regreassion" "canonical" "invariant" 或 "classic"。默认 = regression
scale	布尔值。如果 scale = TRUE，每个块被标准化为零平均值和单位方差。默认 = TRUE
init	算法中使用的初始化模式，通过对 X 和 Y 的每个块的乘积进行奇异值分解（"svd"）或每个块独立地进行分解（"svd. single"）。默认 = svd
tol	停止收敛值
max. iter	整数，最大迭代次数

续表

near. zero. var	布尔值，请参阅内部的 nearZeroVar 函数（应该设置为 TRUE，特别是对于有许多 0 值的数据）。默认 = FALSE
all. outputs	布尔值。当不计算某些特定的（非必要的）输出时，计算速度会更快。默认 = TRUE

③block. splsda 细节。

block. splsda 函数适合水平集成 PLS-DA 模型与指定的每个块主成分数量。需要提供一个结果，可以是 Y，也可以是它在区块 X 列表中的位置 indY。X 可以包含缺失的值。缺失值在算法块的交叉积计算中被忽略。请不要删除缺少数据的行。另外，缺失的数据可以在使用 nipals 函数之前进行估算。

要使用的算法类型是用 mode 参数指定的。四种 PLS 算法可用：PLS 回归（regression），PLS 规范分析（canonical），冗余分析（invariant）和经典 PLS 算法（classic）。

④block. splsda 参数值。

X	中心和标准化的原始预测矩阵
indY	结果 Y 在输出列表 X 中的位置
ncomp	每个块的模型中包含的主成分数量
mode	该算法用于拟合模型
keepX	用于构建每个块的每个主成分的变量数量
variates	列表，包含 X 的每个块的变量
loadings	列表，其中包含变量的估计负载
names	包含用于个人和变量的名称的列表
nzv	包含零或接近零的预测器信息的列表
iter	每个主成分的算法迭代次数
explained_variance	每个主成分和每个块的解释方差百分比

- 可以运行 block. splsda 来确定该函数的所有默认参数：
- 与上面相同的默认值为 block. pls；
- 保留特性（keepX）：如果未指定，原始数据框的所有特性都将被使用。

plotLoadings（result. sparse. diablo. tcga，ncomp = 1）#绘制每个特征对每个维度的贡献（图 9-27）#

plotIndiv（result. sparse. diablo. tcga）#绘制样品图（图 9-28）#

plotVar（result. sparse. diablo. tcga）#绘制变量（图 9-29）#

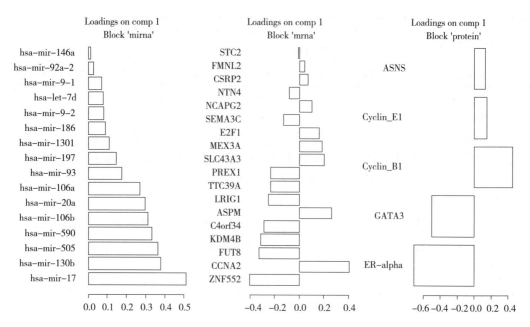

图 9-27　依据案例绘制特征—维度图

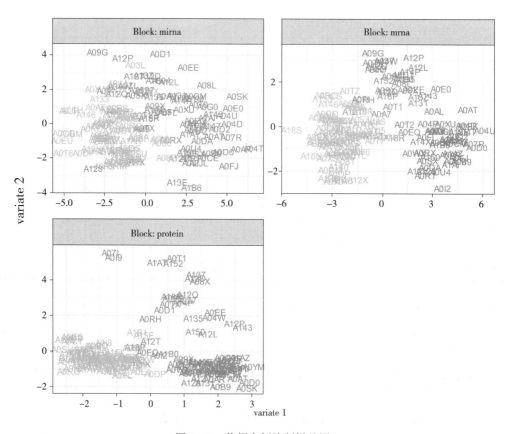

图 9-28　依据案例绘制样品图

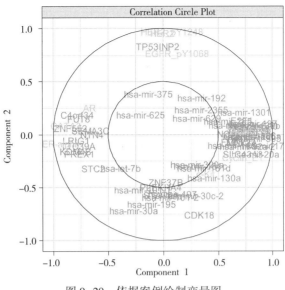

图 9-29　依据案例绘制变量图

Case Study of DIABLO with Breast TCGA Dataset

该 N-integrative 分析的目的是识别一个高度相关的多组学特征，以区分乳腺癌的基底亚型、Her2 亚型和 LumA 亚型。

library（mixOmics）#加载 mixOmics#

set. seed（123）#为了再现性，取出正常使用#

data（breast. TCGA）#加载乳腺癌数据#

人乳腺癌在分子改变、细胞组成和临床结果方面是一种异质性疾病。根据 mRNA 表达水平，乳腺肿瘤可分为几种亚型。在这里，考虑由癌症基因组图谱网络生成的数据子集。数据被标准化，并经过了大量的预先筛选，以供说明。数据被分为训练集，其中 150 个样本来自 mRNA、miRNA 和蛋白质组数据，测试集包括 70 个样本，但只来自 mRNA、miRNA 和甲基化数据（蛋白质组缺失）。

mixOmics TCGA 数据集通过 breast. TCGA 加载，并包含以下内容：

● breast. TCGA$data. train$mirna（连续矩阵）：150 行 184 列。184 个不同区段的 miRNA 表达水平。

● breast. TCGA$data. train$mrna（连续矩阵）：150 行 200 列。200 个不同部位 mRNA 的表达水平。

● breast. TCGA$data. train$protein（连续矩阵）：150 行 142 列。142 种不同蛋白质的丰度。

● breast. TCGA$data. train$subtype（分类向量）：长度为 150。表示每个受试者的乳腺癌亚型。包括 Basal，Her2 和 LumA。

为了确认提取了正确的数据框，需要检查尺寸。还研究了类标签的分布。可以看出，这些类标签是不平衡的。注意，数据列表中的数据帧应该被命名。

data＝list（miRNA＝breast. TCGA$data. train$mirna，mRNA＝breast. TCGA$data. train$mrna，proteomics＝breast. TCGA$data. train$protein）#设置所有 X 数据框的列表#

lapply（data，dim）#检查数据的尺寸（图 9-30）#

```
$miRNA
[1] 150 184

$mRNA
[1] 150 200

$proteomics
[1] 150 142
```

图 9-30　数据尺寸

Y = breast. TCGA$data. train$subtype#设置响应变量为 Y df（图 9-31）#

summary（Y）

```
Basal  Her2  LumA
  45    30    75
```

图 9-31　输出结果

初步分析

a. 成对 PLS 比较。

正如在方法页面中提到的，强烈建议在使用 DIABLO 框架之前，在非整合的上下文中检查数据。在这里，每个数据框架的前 25 个特性之间的相关性（以成对的方式）如图 9-32 所示。

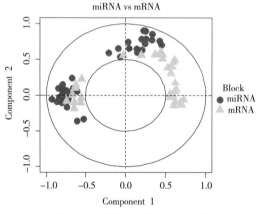

图 9-32　依据案例绘制 PLS 图

list. keepX = c（25，25）

list. keepY = c（25，25）

#选择要保留的特性的任意值#

pls1<-spls（data［［"miRNA"］］, data［［"mRNA"］］, keepX = list. keepX, keepY = list. keepY）

pls2<-spls（data［［"miRNA"］］, data［［"proteomics"］］, keepX = list. keepX, keepY = list. keepY）

pls3<-spls（data［［"mRNA"］］, data［［"proteomics"］］, keepX = list. keepX, keepY = list. keepY）#生成三个两两 PLS 模型#

　　plotVar（pls1，cutoff = 0.5，title = "（a）miRNA vs mRNA"，legend = c（"miRNA"，"mRNA"），var. names = FALSE，style = 'graphics'，pch = c（16，17），cex = c（2，2），col = c（'darkorchid'，'lightgreen'））#第一个 PLS 的图形特征#

　　plotVar（pls2，cutoff = 0.5，title = "（b）miRNA vs proteomics"，legend = c（"miRNA"，"proteomics"），var. names = FALSE，style = 'graphics'，pch = c（16，17），cex = c（2，2），col = c（'darkorchid'，'lightgreen'））#第二个 PLS 的图形特征#

　　var. nplotVar（pls3，cutoff = 0.5，title = "（c）mRNA vs proteomics"，legend = c（"mRNA"，"proteomames"= FALSE），style = 'graphics'，pch = c（16，17），cex = c（2，2），col = c（'darkorchid'，'lightgreen'））#第三个 PLS 的图形特征#

　　图 9-32 描述了沿第一个分量的大部分 miRNA 和 mRNA 特征之间的强相关性，以及在第二个分量上稍微小一些的相关性。图 9-33 中的一些特征具有很强的聚类性，而另一些则没有，这表明 mRNA 和蛋白质数据框的一些特征是高度相关的。图 9-34 中的 mRNA 和蛋白质特征是聚集最弱的，但在第一个组成部分特异的相关性最强。

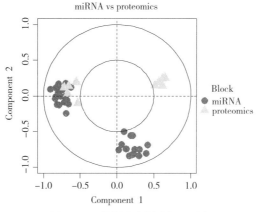

图 9-33　依据案例绘制 PLS 图

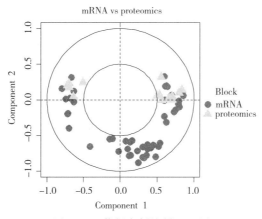

图 9-34　依据案例绘制 PLS 图

　　下面是所有三个 PLS 模型每个数据集的第一个组件之间的相关性。可以看出数值在 0.8~

0.9 之间。

cor（pls1$variates$X，pls1$variates$Y）#计算 miRNA 和 mRNA 的相关性（图 9-35）#

```
              comp1          comp2
comp1 0.88417918 -2.289407e-16
comp2 0.04929884  7.425733e-01
```

图 9-35　miRNA 和 mRNA 的相关性

cor（pls2$variates$X，pls2$variates$Y）#计算 miRNA 与蛋白质的相关性（图 9-36）#

```
              comp1          comp2
comp1 0.83619934 3.575390e-18
comp2 0.02358213 5.626135e-01
```

图 9-36　miRNA 和蛋白质的相关性

cor（pls3$variates$X，pls3$variates$Y）#计算 mRNA 和蛋白质的相关性（图 9-37）#

```
              comp1          comp2
comp1  0.9360264 -1.323466e-17
comp2 -0.0181090  5.972544e-01
```

图 9-37　mRNA 和蛋白质的相关性

b. 设计。

这些特征之间的中等至高相关性意味着设计矩阵的适当值为 0.8~0.9。然而，正如在 N-Integration 方法页面中所讨论的那样，值超过 0.5 会导致模型的预测能力下降——而预测正是在这种情况下所需要的。因此，将使用 0.1 的值来对模型的辨别能力进行优先排序。

design = matrix（0.1，ncol = length（data），nrow = length（data），dimnames = list（names（data），names（data）））

diag（design）= 0#对角线设为 0s#

design#对于填充 0.1s 的方阵（图 9-38）#

```
            miRNA mRNA proteomics
miRNA        0.0  0.1        0.1
mRNA         0.1  0.0        0.1
proteomics   0.1  0.1        0.0
```

图 9-38　填充 0.1s 的方阵

有了适当的设计，初步的 DIABLO 可以生成初始模型。将使用任意高的主成分数量（ncomp = 5）。

basic. diablo. model = block. splsda（X = data，Y = Y，ncomp = 5，design = design）#形成基本的 DIABLO 模型#

c. 优化主成分的数量。

为了选择最终 DIABLO 模型的主成分数量，perf() 函数将运行 10 次交叉验证，重复 10 次。

perf. diablo = perf（basic. diablo. model，validation =' Mfold'，folds = 10，nrepeat = 10）#使用重复 CV 进行主成分数量调优#

plot（perf. diablo）#调优输出图#

选择块中主成分的数量。plsda 使用 perf( )，具有 10×10 倍 CV 功能。TCGA 的研究。分类错误率（总体和平衡的）在 Y 轴上表示为 PLS-DA 中每个预测距离在 X 轴上的分量数。

从图 9-39 中我们观察到整体和平衡错误率（BER）从 1 个主成分降低到两个主成分。标准偏差表明，添加更多的主成分可能会略有增加。centroids. dist 距离似乎给出了最好的精度。考虑到这个距离和平衡错误率，输出$choice. ncomp 表示最终 DIABLO 模型的最佳主成分数量。

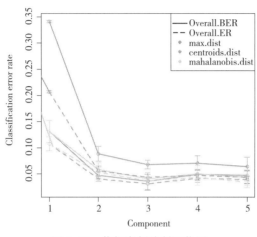

图 9-39　依据案例绘制调优图

ncomp = perf. diablo$choice. ncomp$WeightedVote ［"Overall. BER"，"centroids. dist"］#设置最佳 ncomp 值#

perf. diablo$choice. ncomp$WeightedVote#显示每个区域度量的 ncomp 的最佳选择（图 9-40）#

	max.dist	centroids.dist	mahalanobis.dist
Overall.ER	3	2	3
Overall.BER	3	2	3

图 9-40　每个区域的最佳选择

d. 优化变量的数量。

这个调优函数应该用于调优 block. splsda( ) 函数中的 keepX 参数。我们使用 tune. block. splsda( ) 函数为每组类型的 keepX 值网格选择每个数据集中要选择的变量最佳数量。注意，该函数被设置为支持相对较小的签名，同时允许我们获得足够数量的变量用于下游验证和/或解释。

通过 10 次交叉验证运行函数调优，但只重复一次。请注意，对于更彻底的调优过程，如果提供足够的计算时间，我们可以增加 nrepeat 参数。调优可能需要很长时间，特别是在低端电脑上。

test. keepX = list（mRNA = c（5:9，seq（10，18，2），seq（20，30，5）），miRNA = c（5:9，seq（10，18，2），seq（20，30，5）），proteomics = c（5:9，seq（10，18，2），seq（20，30，5）））#为每个要测试的组件设置值网格#

tune. TCGA = tune. block. splsda（X = data，Y = Y，ncomp = ncomp，test. keepX = test. keepX，design = design，validation = 'Mfold'，folds = 10，nrepeat = 1，dist = "centroids. dist"）#运行特征

选择调优#

（6）tune. block. splsda 函数介绍。

tune. block. splsda 描述

基于用户输入网格计算 M-fold 或 Leave-One-Out 交叉验证分数，以确定方法 block. splsda 的最佳检验参数值。

①tune. block. splsda 运用代码。

tune. block. splsda（X，Y，indY，ncomp = 2，test. keepX，already. tested. X，validation = "Mfold"，folds = 10，dist = "max. dist"，measure = "BER"，weighted = TRUE，progressBar = TRUE，tol = 1e − 06，max. iter = 100，near. zero. var = FALSE，nrepeat = 1，design，scheme = "horst"，scale = TRUE，init = "svd"，light. output = TRUE，cpus = 1，name. save = NULL）

②tune. block. splsda 参数。

X	数值矩阵的预测。NAs 是允许的
Y	if（method = 'spls'）连续响应的数字向量或矩阵（对于多响应模型）。NAs 是允许的
indY	表示矩阵/向量响应在列表 X 中的位置
ncomp	模型中包含的主成分数量
test. keepX	长度为 X 中的块数的列表（没有结果）。该列表的每个条目都是用于测试特定块的不同 keepX 值的数字向量
already. tested. X	可选的。如果 ncomp>1 一个数值向量，表示从 X 数据集中在第一个分量上选择的变量数量
validation	特征值。使用什么样的（内部）验证，匹配"Mfold"或"loo"。默认设置是"Mfold"
folds	Mfold 交叉验证中的倍数
dist	用于 splsda 估计分类错误率的距离度量应该是"centroids. dist""mahalanobis. dist"或"max. dist"的一个子集
measure	有三种误码率测量方法：总体错误率、平衡错误率 BER 或曲线下面积 AUC
weighted	使用多数投票或加权投票的性能进行调优
progressBar	默认设置为 TRUE，输出计算的进度条
tol	停止收敛值
max. iter	整数，最大迭代次数
near. zero. var	布尔值，请参阅内部的 nearZeroVar 函数（应该设置为 TRUE，特别是对于有许多 0 值的数据）。默认值为 FALSE
nrepeat	重复交叉验证过程的次数
design	尺寸（X 块的数量）X（X 块的数量）的数字矩阵 0 或 1 值。值 1（0）表示要建模的块之间存在关系（没有关系）。如果提供的是 Y 而不是 indY，设计矩阵将更改为包括与 Y 的关系
scheme	"horst""factorial"或"centroid"。默认 = centroid
scale	布尔值。如果 scale = TRUE，每个块被标准化为零平均值和单位方差。默认 = TRUE

init	算法中使用的初始化模式，通过对 X 和 Y 的每个块的乘积进行奇异值分解（"svd"）或每个块独立地进行分解（"svd. single"）。默认 = svd
light. output	如果设置为 FALSE，则每个测试的每个样本的预测/分类。并返回 keepX 和每个 comp
cpus	整数，要使用的 cpu 数量。如果大于 1，在重复交叉验证时，代码将并行运行，这通常是计算最密集的过程。如果有多余的 cpu，交叉验证也会在支持的 OS 上并行化
name. save	保存文件名的字符串

③tune. block. splsda 细节。

这个调优函数应该用于调优块中的 keepX 参数。基于稀疏判别分析的 N-integrative。M-fold 或 LOO 交叉验证通过分层次抽样进行，在每个折叠中表示所有类别。如果 validation = "Mfold"，则执行 M-fold 交叉验证。要生成的折叠次数将在参数 folds 中指定。如果 validation = "loo"，则执行 M-fold 交叉验证。默认情况下，fold 被设置为唯一个体的数量。所有测试的组合 test. keepX 值。一条消息告知对于给定的 test. keepX 每个主成分将安装多少个。错误率适用于每一类样本数不平衡的情况，它计算错误分类的样本在每一类中的平均比例，并以每一类的样本数加权。在绩效评估过程中，BER 对大多数班级的偏向性较小。

④tune. block. splsda 参数值。

error. rate	返回每个测试的预测错误率。在每个主成分上的 keepX，在所有重复和子采样倍数上的平均。标准偏差也是被输出的。所有错误率也可用列表
choice. keepX	返回每个主成分上所选变量的数量（最佳 keepX）
choice. ncomp	返回与 $choice. keepX 匹配的模型的最佳主成分数量
error. rate. class	返回每一级 Y 的错误率，以及用最佳 keepX 计算的每个主成分的错误率
predict	每个样本，每个测试的预测值。keepX，每一次比较，每一次重复。只有 light. output = FALSE
class	预测每个样本、每个测试的类。keepX，每一个 comp 和每一个 repeat。只有 light. output = FALSE
cor. value	计算两因素 sPLS-DA 分析潜在变量之间的相关性

在 tune. TCGA$choice. keepX 中返回每个主成分要选择的特征数量（图 9-41）。

list. keepX = tune. TCGA$choice. keepX#设置要保留的特征的最佳值#

list. keepX

```
$miRNA
[1]  9 16

$mRNA
[1] 30  7

$proteomics
[1] 7 5
```

图 9-41　主成分特征数量

最终模型

final. diablo. model = block. splsda（X = data，Y = Y，ncomp = ncomp，keepX = list. keepX，design = design）#设置优化的 diablo 模型#

过程中，警告信息告诉我们，结果 Y 已自动包含在设计中，因此每个区块的主成分和结果之间的协方差被最大化，如最终设计输出所示。

final. diablo. model$design#最终模型的设计矩阵（图 9-42）#

```
                 miRNA mRNA proteomics Y
    miRNA        0.0   0.1       0.1   1
    mRNA         0.1   0.0       0.1   1
    proteomics   0.1   0.1       0.0   1
    Y            1.0   1.0       1.0   0
```

图 9-42　最终模型设计矩阵

选择的变量可以用函数 selectVar( )提取，例如，在 mRNA 块中，如下所示。注意，可以从 perf( )函数的输出中提取所选变量的稳定性。

selectVar（final. diablo. model，block = 'mRNA'，comp = 1）$mRNA$name#选择形成第一个主成分的特征（图 9-43）#

```
 [1] "ZNF552"  "KDM4B"   "CCNA2"   "LRIG1"   "PREX1"   "FUT8"    "C4orf34"
 [8] "TTC39A"  "ASPM"    "SLC43A3" "MEX3A"   "SEMA3C"  "E2F1"    "STC2"
[15] "FMNL2"   "LMO4"    "MED13L"  "DTWD2"   "CSRP2"   "NTN4"    "KIF13B"
[22] "SLC19A2" "NCAPG2"  "FAM63A"  "EPHB3"   "MEGF9"   "MTL5"    "HTRA1"
[29] "SLC5A6"  "SNORA8"
```

图 9-43　主成分特征

（7）selectVar 函数介绍。

selectVar 描述

这个函数输出每个主成分上选择的变量，用于方法的稀疏版本（也被推广到内部函数的非稀疏版本）。

①selectVar 运用代码。

selectVar（object，comp = 1，block = NULL，...）#适用于 mixo_pls#

selectVar（object，comp = 1，block = NULL，...）#适用于 pca#

selectVar（object，comp = 1，block = NULL，...）#适用于 mixo_spls#

selectVar（object，comp = 1，block = NULL，...）#适用于 sgcca#

selectVar（object，comp = 1，block = NULL，...）#适用于 rgcca#

②selectVar 参数。

object	继承自 "pls" "spls" "plsda" "splsda" "pca" "spca" "sipca"
comp	指示感兴趣的主成分整数值
block	对于类 "sgcca" 的对象，块数据集可以指定为一个输入向量，例如，前两个块的数据集为 c（1，2）。默认为 NULL（所有块数据集）
...	其他参数

③selectVar 细节。

selectVar 提供在给定主成分上选择的变量。\ name 输出所选变量的名称（假设输入数据有名称），按重要性递减顺序排列。Value 输出每个选定变量的加载值，加载根据其绝对值排序。这些函数只在稀疏版本中实现。

（8）plotDiablo 函数介绍。

plotDiablo 描述

函数可视化来自不同数据集的主成分之间的相关性。

①plotDiablo 运用代码。

plotDiablo（x，ncomp = 1，legend = TRUE，legend. ncol，...）

②plotDiablo 参数。

X	继承自" block. splsda" 的类对象
ncomp	根据每个数据集计算出绘制哪个主成分。必须低于 object$ncomp 的最小值
legend	布尔值。是否需要添加图例。默认是 TRUE
legend. ncol	图例的列数。默认为最小值（5, nlevels（x$Y））
...	其他参数

③plotDiablo 细节。

plotDiablo（）是一个诊断图，用于检查每个数据集的主成分之间的相关性是否已按照设计矩阵中指定的最大化。我们使用 ncomp 参数指定要评估的维度。

plotDiablo（final. diablo. model，ncomp = 1）

每个数据集（mRNA、miRNA 和蛋白质）的样本都是基于指定的主成分（这里 ncomp = 1）表示的。样本按乳腺癌亚型着色，并以 95% 置信椭圆图表示。从图 9-44 中可以看出，每个数据集的第一个主成分之间是高度相关的（由左下角的大数表示）。与样本亚型相关的颜色和椭圆表示每个成分区分不同肿瘤亚型的能力。对于第一个分量，每个亚型的质心是不同的，但在它们的置信椭圆中，每个样本组之间有适度的重叠。

该函数使用 plot. data. frame 绘制从每个数据集计算出的组件 ncomp，以可视化 DIABLO（block. splsda）是否成功地最大化了每个数据集主成分之间的相关性。下三角形面板表示 Pearson 相关系数，上三角形面板表示散点图。

使用 plotIndiv（）函数的样本图将每个样本投影到每个块的主成分所跨越的空间中（图 9-45）。使用这个图可以更好地评估样本的聚类。似乎 mRNA 数据的聚类质量最高，而 miRNA 的聚类质量最低。这表明 mRNA 在模型中可能具有更强的辨别能力。

plotIndiv（final. diablo. model，ind. names = FALSE，legend = TRUE，title = ' DIABLO Sample Plots'）

根据样本在每个数据集的前 2 个分量上的得分绘制样本。样本按癌症亚型着色。

在下面的箭头图中（图 9-46），箭头的开始表示给定样本的所有数据集之间的质心，箭头的尖端表示该样本在每个块中的位置。这样的图形强调了样本所有数据集之间的一致性。

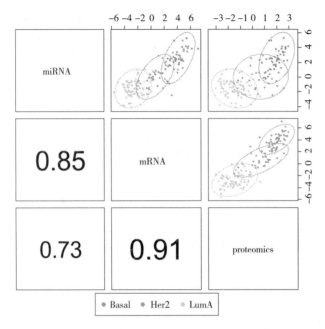

图 9-44 依据案例绘制 plotDiablo( ) 函数诊断图

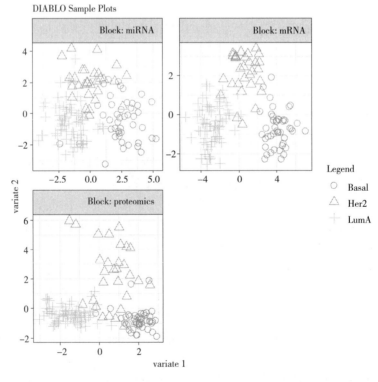

图 9-45 依据案例绘制 plotIndiv( ) 函数样本图

虽然有些难以解释，甚至定性地说，LumA 组内的协议似乎是 Her2 组中最高和最低的。

plotArrow（final. diablo. model，ind. names＝FALSE，legend＝TRUE，title＝' DIABLO' ）

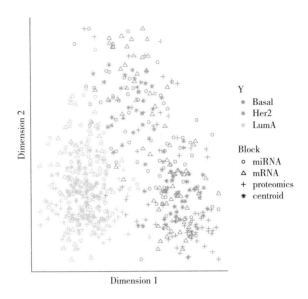

图 9-46　依据案例绘制 plotArrow( )函数箭头图

评估变量之间的相关结构的最佳起点是相关圆图（图 9-47）。大多数 miRNA 变量与第一个分量正相关，而 mRNA 变量似乎沿着这个维度分离。这前两个组成部分与蛋白质组学数据集中选定的变量高度相关。由此，从所有三个数据集中选择的每个特征的相关性可以根据它们的接近程度进行评估。

plotVar（final. diablo. model，var. names＝FALSE，style＝' graphics' ，legend＝TRUE，pch＝c（16，17，15），cex＝c（2，2，2），col＝c（' darkorchid' ，' brown1' ，' lightgreen' ））

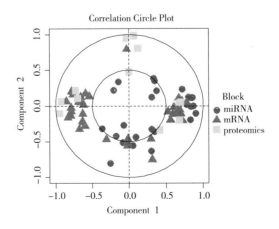

图 9-47　依据案例绘制 plotVar( )函数圆图

circos 图仅用于综合框架，代表不同类型变量之间的相关性，在侧象限上表示。从图 9-48 可以看出，miRNA 变量与其他两个数据框几乎完全负相关。蛋白质组学特征则相反，它们主要表现为正相关，而 mRNA 变量则较为混杂。注意，这些相关性高于 0.7 的值（截止值=0.7）。以上所有的解释都只适用于相关性很强的特征。

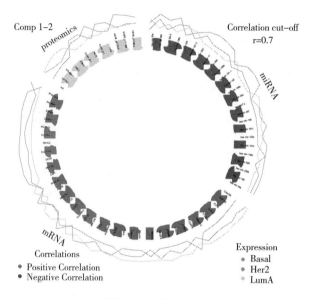

图 9-48　依据案例绘制 circosPlot 函数图

circosPlot（final. diablo. model，cutoff=0. 7，line=TRUE，color. blocks=c('darkorchid'，'brown1'，'lightgreen'），color. cor=c（"chocolate3"，"grey20"），size. labels=1. 5）

不同类型变量之间的相关性的另一个可视化是相关性网络，它也是建立在相似性矩阵上的。每种颜色代表一种类型的变量。图 9-49 显示了这个网络，它的截止值低于上图（截止值为 0.4）。可以观察到两个不同的集群，尽管由于图的密度，集群内的关系很难确定。这个图的交互版本在这里会很有用。

network（final. diablo. model，blocks=c（1，2，3），color. node=c（'darkorchid'，'brown1'，'lightgreen'），cutoff=0. 4）

（9）cimDiablo 函数介绍。

cimDiablo 描述

该函数生成颜色编码的集群图像（CIMs，"热图"），以表示使用 DIABLO 分析的"高维"数据集。

①cimDiablo 运用代码。

cimDiablo（object，color = NULL，color. Y，color. blocks，comp = NULL，margins = c（2，15），legend. position="topright"，transpose = FALSE，row. names = TRUE，col. names = TRUE，size. legend=1. 5）

②cimDiablo 参数。

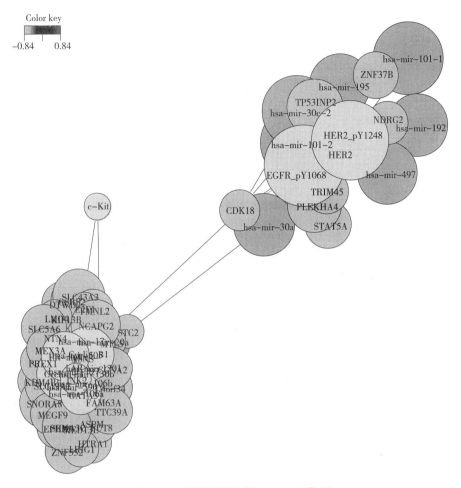

图 9-49　依据案例绘制 network 函数图

object	继承自"block. splsda" 的类对象
color	一种颜色的字符向量，如由 terrain. colors，topo. colors，rainbow，color. jet 或类似功能
color. Y	用于表示结果等级的颜色向量
color. blocks	用于块的颜色字符向量
comp	正整数。相似性矩阵是根据在这些指定的分量上选择的变量来计算的。默认 comp＝1
margins	长度为 2 的数值向量，分别包含列名和行名的边距
legend. position	图例的位置，"bottomright""bottom""bottomleft""left""topleft""top""topright""right"和"center"之一
transpose	合乎逻辑地表示矩阵的行和列是否应该换位以作图。默认为 FALSE
row. names，col. names	逻辑上，是否应该显示垫子的行和/或列的名称？如果为 TRUE（默认），则使用 row. name（mat）和/或 col. names（mat）。可以使用带有行和/或列标签的可能字符向量
size. legend	图例的大小

③cimDiablo 细节。

这个函数是一个特定于 DIABLO 框架的 cim。cimDiablo（ ）函数是一个聚类图像映射，专门用于表示每个样本的多组学分子显著表达。从图 9-50 中，可以确定跨一组特征的一组样本的同构表达水平区域。例如，Her2 样本是唯一一对一组特定的蛋白质显示极高水平表达的组（如图中底部的红色小块所示）。这表明这些特性对于该子类型具有相当的区别性。

cimDiablo（final. diablo. model，margins = c（8，18））

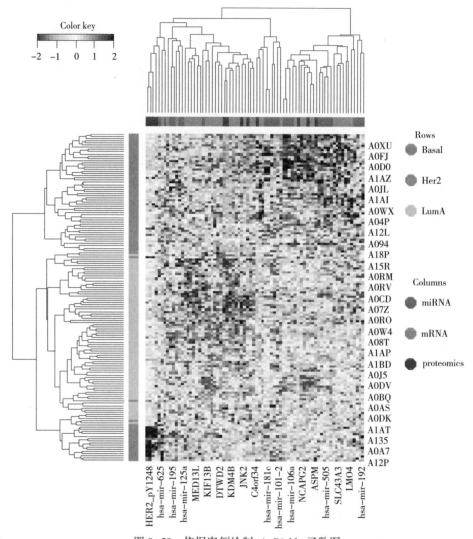

图 9-50 依据案例绘制 cimDiablo 函数图

我们使用 perf( ) 函数，使用 10 次重复的 10 次交叉验证来评估模型的性能。该方法在来自 final. diablo. model 对象的预先指定参数输入上运行一个 block. splsda( ) 模型，但在交叉验证的示例上运行。然后，我们评估在遗漏样本上预测的准确性。

除了通常的（平衡的）分类错误率，预测的虚拟变量和变量，以及所选特征的稳定性，DIABLO 的 perf( ) 函数基于多数投票（每个数据集为特定测试样本的一个类投票，图 9-51）或加权投票（图 9-52）输出性能，其中权重是根据与特定数据集相关的潜在成分和结果之间的相关性定义的。

因为 tune( ) 函数与 centroid. dist 一起使用。如果检查相同距离的 perf( ) 函数输出。下面的代码可能需要几分钟才能运行。

run repeated CV performance evaluation

perf. diablo = perf（final. diablo. model，validation = ' Mfold '，M = 10，nrepeat = 10，dist = ' centroids. dist'）

perf. diablo$MajorityVote. error. rate

```
$centroids.dist
                compl      comp2
Basal       0.02888889 0.04000000
Her2        0.19333333 0.15000000
LumA        0.06533333 0.01333333
Overall.ER  0.08000000 0.04866667
Overall.BER 0.09585185 0.06777778
```

图 9-51　基于多数投票输出结果

perf. diablo$WeightedVote. error. rate

```
$centroids.dist
                compl      comp2
Basal       0.01111111 0.04000000
Her2        0.12000000 0.12000000
LumA        0.06533333 0.01200000
Overall.ER  0.06000000 0.04200000
Overall.BER 0.06548148 0.05733333
```

图 9-52　基于加权投票输出结果

从上面的输出可以看出，整体的错误率都很低，说明所构建的 diablo 模型对于新样本的分类工作做得很好。还可以使用 auroc( ) 函数获得每个块的 AUC 图（图 9-53）。对输出的解释可能不会对我们的方法的性能评估产生特别深刻的见解，但可以补充统计分析。

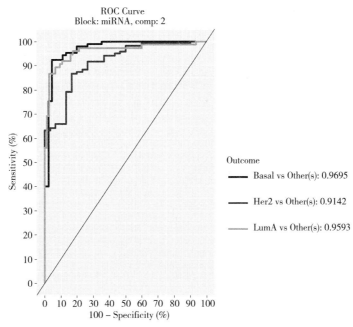

图 9-53　依据案例绘制 auc. splsda 函数图

auc. splsda＝auroc（final. diablo. model，roc. block＝"miRNA"，roc. comp＝2，print＝FALSE）

（10）auroc 函数介绍。

auroc 描述

计算来自 s/plsda，mint. s/plsdaa 和 block. plsda，block. splsda 或 wrapper. sgccda 的 AUC 和绘制 ROC。

①auroc 运用代码。

auroc（object，newdata＝object\$input. X，outcome. test＝as. factor（object\$Y），multilevel＝NULL，plot＝TRUE，roc. comp＝1，title＝paste（"ROC Curve Comp"，roc. comp），...）#适用于 mixo_plsda#

auroc（object，newdata＝object\$input. X，outcome. test＝as. factor（object\$Y），multilevel＝NULL，plot＝TRUE，roc. comp＝1，title＝paste（"ROC Curve Comp"，roc. comp），...）#适用于 mixo_splsda#

auroc（object，newdata＝object\$X，outcome. test＝as. factor（object\$Y），study. test＝object\$study，multilevel＝NULL，plot＝TRUE，roc. comp＝1，roc. study＝"global"，title＝NULL，...）#适用于 mint. plsda#

auroc（object，newdata＝object\$X，outcome. test＝as. factor（object\$Y），study. test＝object\$study，multilevel＝NULL，plot＝TRUE，roc. comp＝1，roc. study＝"global"，title＝NULL，...）#适用于 mint. splsda#

auroc（object，newdata＝object\$X，outcome. test＝as. factor（object\$Y），multilevel＝NULL，plot＝TRUE，roc. block＝1，roc. comp＝1，title＝NULL，...）#适用于 sgccda#

②auroc 参数。

object	继承自下列监督分析函数之一的类的对象："plsda" "splsda" "mint. plsda" "mint. splsda" "block. splsda" 或 "wrapper. sgccda"
newdata	数值矩阵的预测器，默认设置为训练数据集
outcome. test	离散结果的因子或类向量，默认设置为训练集的结果向量
study. test	对于 MINT 对象，表示新数据的哪些样本来自同一研究的分组因子。允许与 object\$ study 重叠
multilevel	样本信息，当输入一个新的数据矩阵和当重复测量需要多级分解时。一种数字矩阵或数据框，表示对每个人的重复测量，即样本 ID
plot	是否应该绘制 ROC 曲线，默认设置为 TRUE
roc. comp	指定将在多元模型中绘制 ROC 的组件（整数），默认为 1
roc. block	指定块号（整数）或块的名称（一组字符），ROC 将为一个块绘制。plsda 或块. Splsda 对象，默认为 1
roc. study	指定绘制 mint. plsda 和 mint. splsdaROC 值。默认为" global"
title	图的标题
…	绘图线的外部可选参数。Col 用于自定义颜色和图例。自定义图例标题

③auroc 细节。

对于分类结果 Y 中超过两个类别，AUC 计算为一个类别与另一个类别的对比，并输出一个类别与其他类别的 ROC 曲线。ROC 和 AUC 是根据预测函数——应用于多元方法（predict (object) $predict) 得到的预测分数来计算的。我们的多元监督方法已经使用了一个基于距离（参见预测）的预测阈值，该阈值最佳地确定了测试样本的类成员。因此，AUC 和 ROC 不需要用来估计模型的性能。P-value 来自一个类与其他类之间的预测分数之间的 Wilcoxon 检验。可输入外部独立数据集（newdata）和结果（outcome. test）进行计算 AUROC。外部数据集必须具有与训练数据集（object$X）相同的变量。如果没有提供 newdata，AUROC 将从训练数据集计算，可能会导致过拟合。注意 mint. plsda 和 mint. splsda 对象，如果 roc. study 不同于"global"，即 newdata，outcome. test 和 study. test 不使用。

④auroc 参数值。

每个主成分（splsda，plsda，mint）的 AUC 和 Wilcoxon 测试 p-value 为每个' one vs other'类执行的比较。或每个块和每个主成分（wrapper. sgccda、block. plsda、blocksplsda）。

对外部测试集的预测

predict() 函数预测测试集中样本的类别。在我们特定的情况下，测试集中缺少一个数据集，但仍然可以应用该方法。确保块的名称准确对应。

data. test. TCGA = list （mRNA = breast. TCGA $ data. test $ mrna，miRNA = breast. TCGA $ data. test$mirna）

predict. diablo = predict （final. diablo. model，newdata = data. test. TCGA）

不明确表比较了真实的子类型和 2 组分模型的预测子类型，以获得感兴趣的距离。这个模型性能很好，因为它只犯了两个错误（图 9-54）。

confusion. mat = get. confusion _ matrix （truth = breast. TCGA$data. test$subtype，predicted = predict. diablo$WeightedVote$centroids. dist［, 2］）

confusion. mat

```
        predicted.as.Basal predicted.as.Her2 predicted.as.LumA
Basal            20                1                 0
Her2              0               14                 0
LumA              0                1                34
```

图 9-54　不明确表

这两个错误对应一个非常低的平衡错误率（图 9-55）。

get. BER （confusion. mat）

```
[1] 0.02539683
```

图 9-55　平衡错误率

9. 3　P-integration 方法

由于笔者没有符合 mixOmics 分析的数据样本。本案例使用 mixOmics 自带的数据进行案例分析。

library（mixOmics）#加载 mixOmics#

9.3.1 数据

在之前的一项研究中，评估了 15 个转录组学微阵列干细胞数据集，将人类细胞分为三种类型：人成纤维细胞（Fib）、人类胚胎干细胞（hESC）和人诱导多能干细胞（hiPSC）。这个案例研究对可用数据的一个子集进行操作。这 15 项研究中只有 4 项被纳入（125 个样本）。

在这三种细胞类型之间存在一个生物学层次。一方面，多能性细胞（hiPSC 和 hESC）和非多能性细胞（Fib）之间的差异具有良好的特征，有望导致主要的生物学变异。另一方面，hiPSC 经过基因重组后表现得像 hESC，这两种细胞类型通常被认为是相似的。此 MINT 分析在单个分析中解决了两个子分类问题。

mixOmics 干细胞数据集通过 stemcells 访问，包含以下内容：

- stemcells$gene（连续矩阵）：125 行，400 列。125 份样品中 400 个不同基因位点的表达水平。
- stemcells$celltype（分类载体）：长度 125。表示每个样品的单元类型。包括成纤维细胞，hESC 和 hiPSC。
- stemcells$study（分类载体）：长度 125。表示样本来自 4 个研究中的哪一个（使用 1~4 之间的整数）。

为了确认提取了正确的数据框架，需要检查尺寸。还研究了类标签的分布。可以看出，这些阶级标签在不同的研究中并不均衡。

data（stemcells）#提取干细胞数据集#

X<-stemcells$gene#使用基因表达水平作为预测因子（图 9-56）#

Y<-stemcells$celltype#利用干细胞类型作为反应（图 9-57）#

study<-stemcells$study#抽取样本的研究分配（图 9-58）#

dim（X）

```
[1] 125 400
```

图 9-56 基因表达水平

summary（Y）

```
Fibroblast        hESC        hiPSC
    30             37           58
```

图 9-57 干细胞类型

table（Y，study）

```
              study
Y               1   2   3   4
  Fibroblast    6  18   3   3
  hESC         20   3   8   6
  hiPSC        12  30  10   6
```

图 9-58 抽取样本的研究分配

9.3.2　初步分析

为了开始分析，将形成一个基本的 MINT PLS-DA 模型，在该模型中，所有特征将被用于构造任意选择的主成分数量（ncomp = 2）。

basic. plsda. model<-mint. plsda（X，Y，study = study，ncomp = 2）#生成基本的 MINT PLS-DA 模型#

mint. plsda 描述

使用多组 PLS-DA 变量进行监督分类，结合对相同变量或预测因子（P-integration）测量的多个独立研究。

（1）mint. plsda 运用代码。

mint. plsda（X，Y，ncomp = 2，mode = c（"regression"，"canonical"，"invariant"，"classic"），study，scale = TRUE，tol = 1e - 06，max. iter = 100，near. zero. var = FALSE，all. outputs = TRUE）

（2）mint. plsda 参数。

X	数值矩阵的预测结合多个独立的研究在同一套预测。NAs 是允许的
Y	一个因子或类向量，表示每个样本的离散结果
ncomp	模型中包含的主成分数量。默认为 2
mode	字符串。使用什么类型的算法，（部分）匹配 "regression" 或 "canonical"
study	表明每个样本对合并的每个研究的隶属度的因子
scale	布尔值。如果 scale = TRUE，每个块被标准化为零平均值和单位方差。默认 = TRUE
tol	停止收敛值
max. iter	整数，最大迭代次数
near. zero. var	布尔值。请参阅内部的 nearZeroVar 函数（应该设置为 TRUE，特别是对于有许多 0 值的数据）。默认 = FALSE
all. outputs	布尔值。当不计算某些特定的（非必要的）输出时，计算速度会更快。默认 = TRUE

（3）mint. plsda 细节。

mint. plsda 函数适用于具有 ncomp 主成分的垂直 PLS-DA 模型，其中在相同变量上测量的几个独立研究是集成的。目的是对离散结果 y 进行分类。研究因子表示每个研究中每个样本的隶属度。我们建议只结合 3 个以上样本的研究，因为该函数对每个研究进行内部缩放，并代表所有结果类别。

X 可以包含缺失的值。通过在算法 mint. plsda 的叉积计算中忽略缺失值来处理缺失值，而不需要删除有缺失数据的行。另外，缺失的数据可以在使用 nipals 函数之前进行估算。

要使用的算法类型是用 mode 参数指定的。四种 PLS 算法可用。

PLS 回归（regression），PLS 规范分析（canonical），冗余分析（invariant）和经典 PLS 算法（classic）。

（4）mint. plsda 参数值。

X	中心和标准化的原始预测矩阵
Y	原指标
ind. mat	中心和标准化的原始响应向量或矩阵
ncomp	模型中包含的主成分数量
study	研究分组因素
mode	该算法用于拟合模型
variates	列表中包含 X 的变量—全局变量
loadings	列表，包含变量的估计负载—全局负载
variates. partial	列表中包含 X 相对于每个研究的变量—部分变量
loadings. partial	包含部分变量的估计负荷的清单—部分负荷
names	包含用于个人和变量的名称的列表
nzv	包含零或接近零的预测器信息的列表
iter	每个主成分的算法迭代次数
explained_variance	每个成分和每个研究的被解释方差百分比（注意，与 PCA 相反，该数量可能不会减少，因为该方法的目的不是最大化方差，而是最大化 X 和虚拟矩阵 Y 之间的协方差）

plotIndiv（basic. plsda. model，legend = TRUE，title = " "，subtitle = " "，ellipse = TRUE）#输出样品图#

第一主成分能够很好地将成纤维细胞从其他两组中分离出来（图 9-59）。可能由于上述的 hESC 和 hiPSC 细胞的相似性，这两组细胞没有很好地分离，并且有明显的重叠，尽管第二主成分在这方面比第一种做得更好。所有 400 种基因特征的存在，可能是造成这一现象的原因。这一初步分析很重要，因为它告诉了未来将产生的模型，这样后两组之间的区别比成纤维细胞组更重要。

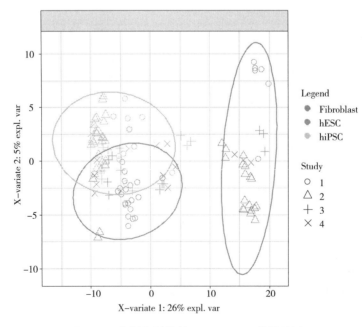

图 9-59　依据案例绘制 plotIndiv( ) 函数样品图

9.3.3　基本的 **sPLS-DA** 模型

由于 MINT PLS-DA 模型对该数据集的识别能力不足，因此将使用 MINT sPLS-DA 模型。第一步是生成一个基本模型，其中包含比必要数量更多的变量和主成分，以便对这些变量和主成分进行调整。所有特性都包含在 begin 中（没有传递 keepX 参数），总共将构造 5 个主成分（ncomp = 5）。

basic. splsda. model<-mint. plsda（X，Y，study = study，ncomp = 5）

9.3.4　优化主成分的数量

首先，计算要构造的主成分的最优数量。perf( ) 函数用于使用 LOGOCV（Leave One Group Out Cross Validation）估计模型的性能。图 9-60 显示了此调优的可视化效果。

set. seed（5249）#对于可重复的结果，请删除以供您自己分析#

splsda. perf<-perf（basic. splsda. model）#进行性能优化#

plot（splsda. perf）

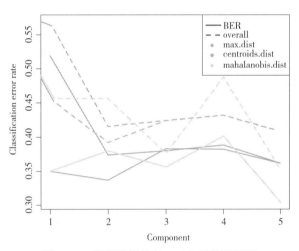

图 9-60　依据案例绘制 perf( ) 函数调优图

下面是每个距离度量的最佳主成分数量（包括总体错误率和平衡错误率）。虽然所有人都表示一个主成分是最好的，但在本案例研究中纯粹是为了可视化，我们将使用两个主成分（图 9-61）。

splsda. perf$choice. ncomp

```
          max.dist centroids.dist mahalanobis.dist
overall      1            1                1
BER          1            1                1
```

图 9-61　本案例的两个主成分

optimal. ncomp<-2

9.3.5　优化特征的数量

要调优所使用的特性的数量，可以使用 tune( ) 函数。同样，这在输入 test. keepX 值的网格中使用 LOGOCV。基于平均分类错误率（总体错误率或 BER）和一个质心距离，可以提取出最终模型中最优的变量个数 keepX。以下是保留功能的最佳数量被打印（图 9-62）。

splsda. tune<-tune（X = X，Y = Y，study = study，ncomp = optimal. ncomp，test. keepX = seq（1，100，1），method='mint. splsda'，measure='BER'，dist = "centroids. dist"）

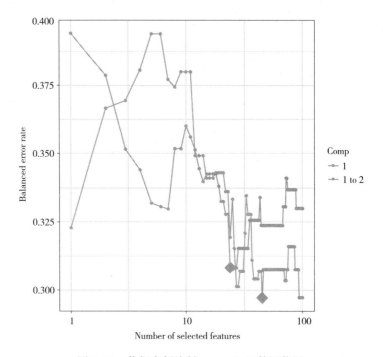

图 9-62 依据案例绘制 tune（）函数调优图

tune 描述

包装所有调优函数。

（1）tune 运用代码。

tune（method，X，Y，multilevel，ncomp，study，test. keepX = c（5，10，15），test. keepY = NULL，already. tested. X，already. tested. Y，mode = "regression"，nrepeat = 1，grid1 = seq（0. 001，1，length = 5），grid2 = seq（0. 001，1，length = 5），validation = "Mfold"，folds = 10，dist = "max. dist"，measure = c（"BER"），auc = FALSE，progressBar = TRUE，near. zero. var = FALSE，logratio = "none"，center = TRUE，scale = TRUE，max. iter = 100，tol = 1e-09，light. output = TRUE）

（2）tune 参数。

method	此参数用于将所有其他参数传递给合适的函数。方法必须是下列之一:"spls" "splsda" "mint. splsda" "rcc" "pca"
X	数值矩阵的预测。NAs 是允许的
Y	可以是离散结果的因子或类向量，也可以是连续响应的数值向量或矩阵（对于多响应模型）
multilevel	设计多层分析矩阵（用于重复测量），表明对每个样本的重复测量，即样本 ID

续表

ncomp	模型中包含的组件数量
study	表明哪些样本来自同一研究的分组因子
test. keepX	数值向量，用于从 X 数据集中测试不同数量的变量
test. keepY	如果 method = ' spls'，用于从 Y 数据集中测试的变量的不同数量的数值向量
already. tested. X	可选的，如果 ncomp>1 一个数值向量，表示从 X 数据集中在第一个分量上选择的变量的数量
already. tested. Y	如果 method = ' spls'，以及如果（ncomp>1）数值向量表示在第一个分量上从 Y 数据集中选择的变量数量
mode	字符串。使用什么类型的算法，（部分）匹配 "regression" "canonical" "invariant" 或 "classic"
nrepeat	重复交叉验证过程的次数
grid1，grid2	向量数值，定义 lambda1 和 lambda2 的值，交叉验证分数应该在该值上计算。默认为 grid1 = grid2 = seq（0.001，1，长度 = 5）
validation	特征值。使用什么样的（内部）验证，匹配 "Mfold" 或 "loo"。默认设置是 "Mfold"
folds	Mfold 交叉验证中的倍数
dist	用于 splsda 估计分类错误率的距离度量应该是 "centroids. dist" "mahalanobis. dist" 或 "max. dist" 的子集
measure	有两种错误率测量方法：整体错误率或平衡错误率
auc	如果为 TRUE，计算模型的曲线下面积（AUC）性能
progressBar	默认设置为 TRUE，输出计算的进度条
near. zero. var	布尔值，请参阅内部的 nearZeroVar 函数（应该设置为 TRUE，特别是对于有许多 0 值的数据）。默认 = FALSE
logratio	none 和 CLR 之一。默认为 "none"
center	逻辑值，指示变量是否应该移到以零为中心。或者，可以提供一个长度等于 X 的列数的向量。该值被传递给 scale
scale	逻辑值，指示在进行分析之前是否应该将变量缩放到具有单位方差。为了与 prcomp 函数保持一致，默认值为 FALSE，但通常情况下缩放是可取的。或者，可以提供一个长度等于 X 的列数的向量。该值被传递给 scale
max. iter	整数，NIPALS 算法的最大迭代次数
tol	用于 NIPALS 算法的公差
light. output	如果设置为 FALSE，则每个测试的每个样本的预测/分类。并返回 keepX 和每个 comp

（3）tune 细节。

调优函数称为函数预测。

另请参阅与方法 tune. splsda 对应的帮助文件。注意，只有与 method 对应的 tune 函数中使用的参数会被传递。

关于预测中预测距离的更多细节和 mixOmics 文章的补充材料（Rohart et al. 2017）。关于 PLS 模式的更多细节在 sPLS 相关描述中（图 9-63）。

（4）tune 参数值。

error. rate	返回每个主成分上每个 test. keepX 的预测错误，在所有重复和子采样倍数上取平均值。标准偏差也是输出。所有错误率也可用列表
choice. keepX	返回每个主成分上所选变量的数量（最佳 keepX）
choice. ncomp	监督模式；使用单侧 t 检验返回每个预测距离的模型主成分的最佳数量，该检验用于检验当主成分被添加到模型中时平均错误率（预测增益）的显著差异。对于多个块，每个预测框架返回一个最优的 ncomp
error. rate. class	返回每一级 Y 的错误率，以及用最佳 keepX 计算的每个主成分的错误率
predict	每个样本，每个测试的预测值。keepX，每一次比较，每一次重复。只有 light. output＝FALSE
class	预测每个样本、每个测试的类。keepX，每一个 comp 和每一个 repeat。只有 light. output＝FALSE
auc	如果 Y 中的类别数大于 2，AUC 均值和标准差见上文。仅当 auc＝TRUE 时
cor. value	只有当多水平分析有两个因素：潜变量之间的相关性

plot（splsda. tune，sd＝FALSE）

optimal. keepX<-splsda. tune$choice. keepX

extract optimal values

optimal. keepX

```
comp1 comp2
  24    45
```

图 9-63　tune 输出结果

9.3.6　最终的模型

基于主成分和特征数量的调优，可以使用下面的调用生成最终的 MINT sPLS-DA 模型。再次注意，实际上根据所看到的结果，ncomp＝1 更合适。具体来说，这个案例研究是 ncomp。

final. splsda. model<－mint. splsda（X＝X，Y＝Y，study＝study，ncomp＝optimal. ncomp，keepX＝optimal. keepX）#使用调优参数生成最优模型#

mint. splsda 描述

函数结合使用多组稀疏 PLS-DA 变量对相同变量或预测变量（P－integration）进行监督分类的变量选择。

（1）mint. splsda 运用代码。

mint. splsda（X，Y，ncomp＝2，mode＝c（"regression"，"canonical"，"invariant"，"classic"），study，keepX＝rep（ncol（X），ncomp），scale＝TRUE，tol＝1e－06，max. iter＝100，near. zero. var＝FALSE，all. outputs＝TRUE）

（2）mint. splsda 参数。

X	预测因子的数字矩阵，结合对同一组预测因子的多个独立研究。NAs 是允许的
Y	一个因子或类向量，表示每个样本的离散结果
ncomp	模型中包含的主成分数量。默认为 2。适用于所有块
mode	字符串。使用什么类型的算法，（部分）匹配 "regreassion" "canonical"
study	表明每个样本对合并的每个研究的隶属度的因子
keepX	数值向量表示在 X 中每个主成分上选择的变量的数量。默认情况下，所有变量都保存在模型中
scale	布尔值。如果 scale=TRUE，每个块被标准化为零平均值和单位方差。默认 = TRUE
tol	停止收敛值
max. iter	整数，最大迭代次数
near. zero. var	布尔值。请参阅内部的 nearZeroVar 函数（应该设置为 TRUE，特别是对于有许多 0 值的数据）。默认 = FALSE
all. outputs	布尔值。当不计算某些特定的（非必要的）输出时，计算速度会更快。默认 =TRUE

（3）mint. splsda 细节。

mint. splsda 函数适用于具有 ncomp 成分的垂直稀疏 PLS–DA 模型，该模型中对相同变量测量的多个独立研究进行了集成。目的是对离散结果 Y 进行分类，并选择解释结果的变量。研究因子表示每项研究中每个样本的成员资格。我们建议只结合 3 个以上样本的研究，因为该函数对每个研究进行内部缩放，并代表所有结果类别。

X 可以包含缺失的值。通过在 mint. splsda 算法的交叉积计算期间忽略缺失值来处理缺失值，而不需要删除有缺失数据的行。另外，缺失的数据可以在使用 nipals 函数之前进行估算。

要使用的算法类型是用 mode 参数指定的。4 种 PLS 算法可用。

PLS 回归（regression），PLS 规范分析（canonical），冗余分析（invariant）和经典 PLS 算法（classic）。

变量选择通过输入参数 keepX 在 X 的每个主成分上执行。

（4）mint. splsda 参数值。

X	中心和标准化的原始预测矩阵
Y	原指标
ind. mat	中心和标准化的原始响应向量或矩阵
ncomp	模型中包含的主成分数量
study	研究分组因素
mode	该算法用于拟合模型
keepX	用于构建 X 的每个主成分的变量数量
variates	列表中包含 X 的变量—全局变量
loadings	列表，包含变量的估计负载—全局负载

variates. partial	列表中包含 X 相对于每个研究的变量—部分变量
loadings. partial	包含部分变量的估计负荷的清单—部分负荷
names	包含用于个人和变量的名称的列表
nzv	包含零或接近零的预测器信息的列表
iter	每个主成分的算法迭代次数
explained_variance	每个成分和每个研究的被解释方差百分比（注意，与 PCA 相反，该数量可能不会减少，因为该方法的目的不是最大化方差，而是最大化 X 和虚拟矩阵 Y 之间的协方差）

9.3.7　出图

使用 plotIndiv( ) 函数的样例绘图将每个样例投影到主成分所跨越的空间中。这个图可以描述全局分量上的所有样本（图 9-64），也可以描述与研究相关的部分分量上的每个样本（图 9-65）。部分成分的可视化可以单独检查每项研究，并检查模型是否能够提取研究之间的良好一致性。

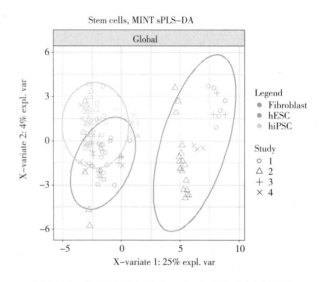

图 9-64　依据案例绘制 plotIndiv( ) 函数全局分量图

与基本的 MINT PLS-DA 模型相似，第一个成分可以很好地区分成纤维细胞组，而第二个成分可以进一步区分 hESC 和 hiPSC 组，但它们的 95% 置信椭圆不重叠。

4 个研究中每个组聚类的同源性如下图所示。研究 2 和 4 的第二部分似乎比研究 1 和 3 更好地分离了 hESC 和 hiPSC。

plotIndiv（final. splsda. model，study = ' global'，legend = TRUE，title = '（a）Stem cells，MINT sPLS-DA'，subtitle ='Global'，ellipse =T）

plotIndiv（final. splsda. model，study =' all. partial'，legend =TRUE，title ='（b）Stem cells，MINT sPLS-DA'，subtitle =paste（"Study"，1∶4））

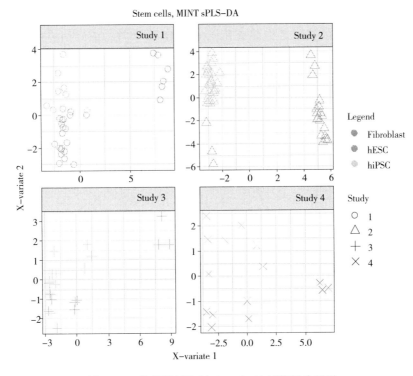

图 9-65 依据案例绘制 plotIndiv( ) 函数部分量图

在检查每个特征对之间的相关性及每个特征对主成分的贡献时，相关圆图是一个有用的工具。在图 9-66 中可以看到两个主要的集群，它们与主成分 1 呈正相关或负相关。与组成部分 1 强相关和负相关的基因子集（X 轴为负值），可能表征 hiPSC 和 hESC 样本组，与组成部分 1 正相关的基因子集可能表征成纤维细胞样本（与前一组基因负相关）。

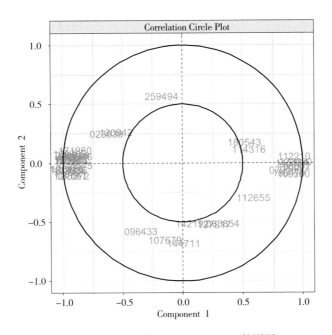

图 9-66 依据案例绘制 plotVar( ) 函数圆图

shortenedNames<-list（unlist（lapply（final. splsda. model$names$colnames$X，substr，start = 10，stop = 16）））#所有的基因名称都有相同的前 10 个字符，缩短所有的名字，以减少视觉混乱#

plotVar（final. splsda. model，cutoff = 0. 5，var. names = shortenedNames）

Cluster Image Maps（CIMs）可以用来表示每个基因座的每个样本的基因表达水平。如图 9-67 所示，成纤维细胞（蓝色行）紧密地聚集在一起，而其余两组细胞之间的区别较小。在成纤维细胞组的表达模式在样品中是高度均匀的。hiPSC 和 hESC 组则不是这样。

cim（final. splsda. model，comp = 1，margins = c（10，5），row. sideColors = color. mixo（as. numeric（Y）），row. names = FALSE，title = " MINT sPLS-DA，component 1" ）

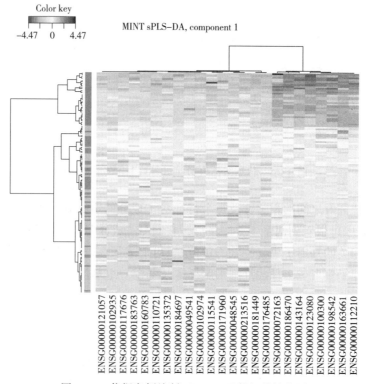

图 9-67　依据案例绘制 cim（）函数相关性热图

最后一个使用的变量图片是关联网络。这提供了与上面 CIM 类似的信息。图 9-68 只显示了所选基因和细胞类型之间的关联（虚拟编码）。

network（final. splsda. model，comp = 1，color. node = c（color. mixo（1），color. mixo（2）），shape. node = c（"rectangle"，"circle"））

9.3.8　模型性能

在执行上面的 LOGOCV 过程时，使用 auroc（）函数将产生分类性能的可视化。对该输出的解释与我们的方法的性能评估有关，可能不是特别有洞察力，但可以补充统计分析。例如，与其他两组相比，模型对成纤维细胞组的分类在第一个成分上具有完美的特异性和敏感性（图 9-69、图 9-70）。

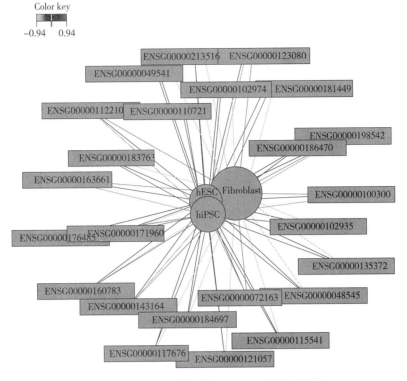

图 9-68　依据案例绘制 network( ) 函数变量图

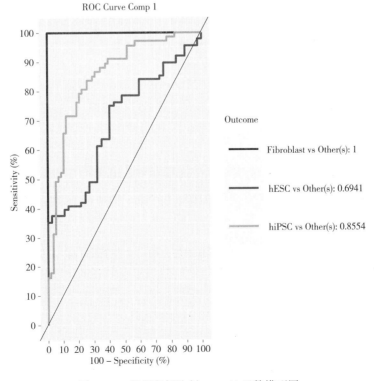

图 9-69　依据案例绘制 auroc( ) 函数模型图

auroc（final. splsda. model，roc. comp = 1，print = FALSE）

auroc（final. splsda. model，roc. comp = 2，print = FALSE）

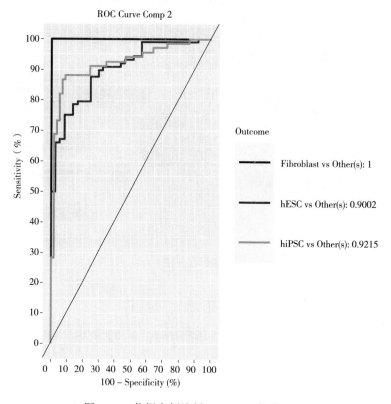

图 9-70　依据案例绘制 auroc( ) 函数模型图

9.4　练习题

大五星枇杷，去皮去核后，用真空冷冻干燥和真空干燥（70℃和140℃）进行干燥处理，随后用液质联用仪分析其中的多酚化合物（μg/g d. b.）。结果如表 9-1 所示，请对这些数据进行 PCA 和单因变量分析。

表 9-1　大五星枇杷不同干燥处理后多酚化合物含量（μg/g d. b.）

Samples	Vacuum freeze drying			Vacuum drying 140℃			Vacuum drying 70℃		
Chlorogenic acid	48. 80	47. 62	44. 74	25. 97	24. 57	26. 65	17. 77	18. 23	19. 20
Procyanidine B2	0. 01	0. 01	0. 01	0. 00	0. 00	0. 00	0. 00	0. 00	0. 00
Gallic acid	0. 01	0. 00	0. 00	0. 01	0. 01	0. 01	0. 36	0. 34	0. 34
Procyanidine B1	0. 17	0. 15	0. 14	0. 00	0. 00	0. 00	0. 00	0. 00	0. 00
Pyrogallic acid	0. 53	0. 52	0. 42	1. 14	1. 09	1. 21	1. 25	1. 56	1. 39

续表

Samples	Vacuum freeze drying			Vacuum drying 140℃			Vacuum drying 70℃		
Cryptochlorogenic acid	3.48	3.11	2.87	17.20	15.30	16.70	8.02	8.13	8.35
Protocatechuic acid	32.13	28.65	26.67	16.51	16.59	15.53	26.27	26.98	23.98
Procyanidine B3	0.36	0.37	0.34	0.00	0.00	0.00	0.00	0.00	0.00
Procyanidine C	1.14	0.99	1.09	0.00	0.00	0.00	0.00	0.00	0.00
Phthalic acid	0.88	0.88	0.72	1.23	1.32	1.31	2.05	1.63	1.81
Caffeic acid	2.19	2.56	2.25	3.93	3.90	3.74	5.03	4.94	4.08
Syringic acid	0.00	0.00	0.00	0.12	0.11	0.17	0.06	0.06	0.06
Vanillic acid	0.00	0.00	0.00	0.03	0.04	0.05	0.03	0.04	0.03
Rutin	0.11	0.09	0.05	0.05	0.04	0.04	0.10	0.05	0.07
Isoquercetin	0.04	0.04	0.04	0.02	0.02	0.02	0.01	0.01	0.01
Quercetin-7-O-β-D-glucopyranoside	0.05	0.07	0.07	0.05	0.04	0.04	0.02	0.01	0.02
4-Hydroxycinnamic acid	0.17	0.20	0.17	0.39	0.39	0.46	1.46	1.48	1.24
P-Coumaric acid	0.06	0.06	0.06	0.13	0.13	0.16	0.50	0.51	0.43
Procyanidine A2	0.09	0.08	0.06	0.00	0.00	0.00	0.00	0.00	0.00
Narirutin	0.06	0.07	0.10	0.05	0.06	0.05	0.13	0.15	0.16
Ferulic acid	0.10	0.08	0.03	0.19	0.14	0.18	0.30	0.23	0.22
Hesperidin	1.02	0.75	0.76	3.22	2.81	2.83	0.80	0.86	0.78
Phlorizin	0.01	0.01	0.01	0.01	0.01	0.01	0.00	0.00	0.00
Salicylic acid	0.35	0.32	0.37	0.32	0.31	0.35	0.20	0.22	0.19
Quercetin	0.23	0.23	0.20	0.13	0.12	0.12	0.19	0.19	0.15
Cinnamic acid	0.00	0.00	0.00	0.04	0.04	0.03	0.13	0.12	0.10
Phloretin	23.42	23.30	23.89	20.52	20.64	20.65	14.34	14.30	14.36
Kaempferol	0.04	0.02	0.02	0.08	0.06	0.13	0.12	0.09	0.08
Hesperetin	2.84	2.86	2.90	2.61	2.66	2.63	1.66	1.81	1.62
6,8-diprenylgenistein	0.26	0.19	0.21	0.13	0.12	0.15	0.08	0.08	0.08
Luteolin	0.00	0.00	0.00	0.01	0.02	0.01	0.00	0.00	0.00
p-Hydroxybenzonic acid	0.33	0.30	0.35	0.30	0.30	0.33	0.19	0.21	0.00

9.5　参考文献

［1］ Tenenhaus M. La régression PLS：théorie et pratique ［M］. Paris：Editions Technic，1998.

［2］ Wold，S.，Sjöström，M.，Eriksson，L. Pls-regression：a basic tool of chemometrics ［J］.

Chemometrics and intelligent laboratory systems, 2001, 58 (2): 109-130.

[3] Bushel, P., Heinloth, A., Li, J., et al. Blood gene expression signatures predict exposure levels. Proceedings of the National Academy of Sciences, 2007, 104 (46): 18211-18216.

[4] Rohart F, Gautier B, Singh A, et al. mixOmics: An R package for 'omics feature selection and multiple data integration [J]. PLoS Computational Biology, 2017, 13 (11): e1005752.